海洋公益性行业科研专项经费资助（201205001）

Public science and technology research funds projects of ocean
（201205001）

海洋经济与管理术语手册

Terms of Marine Economy and Management

刘大海　主编

（第一版）

U0202179

海洋出版社

2013 年 · 北京

图书在版编目（CIP）数据

海洋经济与管理术语手册/刘大海主编.—北京：海洋出版社，2013.10
ISBN 978 - 7 - 5027 - 8729 - 5

Ⅰ.①海… Ⅱ.①刘… Ⅲ.①海洋经济 - 名词术语 - 手册
Ⅳ.①P74 - 61

中国版本图书馆 CIP 数据核字（2013）第 267803 号

责任编辑：任 玲 苏 勤
责任印制：赵麟苏

海洋出版社 出版发行

http：//www. oceanpress. com. cn

北京市海淀区大慧寺路 8 号 邮编：100081
北京旺都印务有限公司印刷 新华书店发行所经销
2013 年 10 月第 1 版 2013 年 10 月北京第 1 次印刷
开本：787 mm×1092 mm 1/16 印张：21.5
字数：450 千字 定价：90.00 元
发行部：62132549 邮购部：68038093 总编室：62114335
海洋版图书印、装错误可随时退换

蓝色经济研究丛书

《海洋经济与管理术语手册》

编撰委员会

顾　　问：王殿昌　　何广顺　　沈　君　　王　芳　　殷克东
　　　　　　石学法　　王晓惠　　邵桂兰

荣誉主编：丁德文

主　　编：刘大海

编　　委：徐　伟　　郭　越　　刘　洋　　关丽娟

文字校对：邹明岑

编 写 组：邢文秀　　张金轩　　邹明岑　　肖　游　　孙　振
　　　　　　李雪红　　王春娟　　纪瑞雪　　宫　伟　　王　晶
　　　　　　张　杨

编者的话

2012 年国务院以国函 [2011] 1 号文件批复了我国第一个以海洋经济为主题的区域发展战略，标志着海洋经济发展试点工作进入实施阶段。作为区域经济的一种新的发展理念，海洋经济的兴起尤为瞩目，国家海洋局副局长王宏在 2012 年海洋经济发展专题报告会上就海洋经济强调"我国经济已形成高度依赖海洋的开放型经济。随着经济社会的发展，这种经济形态将长期存在并不断深化。"

随着海洋经济地位的不断提升，社会各界对其认识不断提高，因相关概念不规范，造成交流困难、研究歧义等问题日益突出。针对此问题，本书编写组本着求真求实的宗旨，根据国内外海洋经济与管理发展现状，选取相关标准、文件、专著和论文中的最新术语，规范其定义、范围与译名，并赋予最新理念。希望其不但有助于海洋工作人员开展研究与实践，更能向大众普及相关的海洋经济与管理常识，最终成为一本深受广大读者欢迎的实用工具书。

没有"规矩"不成方圆，当前我国海洋经济蓬勃快速发展，各类海洋规划政策纷纷出台，迫切需要科学规范的术语以保证政策的准确贯彻和顺利实施；同时，国际海洋交流的日益频繁也对海洋经济与管理术语的中英文对接提出了更高的要求。结合以上，课题组耗时两年，查阅了大量法律法规、政策规划、术语标准等资料，力求做到术语上的科学权威，编排上的规范实用。

由于时间与成本受限，本书仅翻译了术语的英文译名，期望能在下一版的中英文手册中实现全书的汉英互译。作为《海洋经济与管理术语手册》第一版，书中可能存在缺欠疏漏之处，诚望读者批评指正！

本书出版受"海洋公益性行业科研专项"经费资助，特此感谢。

编者

2013 年 5 月 30 日

1

凡　例

词目

1. 本手册共收录术语 2 151 个，吸收了海洋经济与管理相关领域近年来在活动、理念方面的新进展，反映海洋经济与管理领域的前沿成果，形成海洋经济术语的统一规范表述。

2. 术语多数为词，如"海洋"；也有固定短语，如"层化海洋"。

3. 每个术语都附有对应的英文，一个规范术语，一般只对应一个英文词。若有一个以上英文表达方式时，均列出，其间用"；"号隔开。

4. 凡英文词的首字母大小写均可时，一律小写。

编排

1. 正文中术语按词头的汉语拼音字母顺序排列。同音时，按四声（阴平，阳平，上声，去声）顺序排列；声调相同的，按笔画多少顺序排列；笔画相同时，按笔画顺序（横，竖，撇，点，折）排列；第一字相同时，按第二字拼音字母排序，余类推。

2. 编写格式为"规范术语"，即首推选用的术语；其他"又称""同义词""许用""别名"等术语，全部以"又称"方式放到释文中。

3. 英文缩略排在英文之后，用"，"号隔开。

4. 若一个术语在不同专业领域有不同概念，则在释文前的角括号中标明所属的专业领域。

5. 若一个术语适用范围较广，如"干涉"、"斜坡"等，本手册皆立足海洋及其相关领域，对其进行解释。

释文

1. 释文使用规范的现代汉语，一律使用通用简化字。

2. 一个术语内容涉及其他术语并需要其他术语的释文进行补充的，采用"参见"的方式表述。

3. 本手册的术语释文是在参考海洋经济与管理相关领域的国家标准、行业标准的基础上完成的，其中查阅资料的主要类型包括：

① 法律 、法规、标准等权威性文献；

② 教科书、科学论文、科技期刊等学术团体普遍公认的文献；

③ 术语数据库；

④ 术语词汇集、辞典、百科全书、叙词表。

其他

1. 本手册由国家海洋局第一海洋研究所海洋经济课题组组织编写。

2. 本手册所用的科学名词，以全国科学技术名词审定委员会公布的各学科名词为准，未经审核或尚未统一的，遵从习惯。

3. 本手册有关计量单位采用中华人民共和国法定计量单位，统计数字用阿拉伯数字记写。

4. 海洋经济与管理相关术语数量繁多，实际上远不止此数，本手册立足前人研究成果，根据现阶段的实际情况进行甄录。

5. 出版以后，本手册拟 2~3 年修编一次，以期补充海洋经济与管理发展所需的新概念、新术语，助力海洋事业更好发展。

目　次

A

阿拉伯海 Arabian Sea

位于印度洋西北部，亚洲阿拉伯半岛和印度半岛之间，印度洋的边缘海。

隘口 gap; passage

海岭或海隆上发育狭长、陡峭的地带。

鞍部 saddle

海底山脊或相邻高地间类似马鞍形状的宽阔低洼地带。

岸冰 shore ice

沿河流岸边冻结的冰带。分为初生岸冰、固定岸冰、冲积岸冰、再生岸冰和残余岸冰五种。

岸礁 coastal reef

又称"群礁"、"裙礁"，珊瑚礁的一种，沿大陆或岛屿的边缘生长发育的珊瑚礁。礁石表面大致与低潮水位相当，从海岸逐渐向海倾斜。

岸滩 beach

被岩石、沙、砾石、泥、生物遗骸覆盖的河流、湖泊、海洋沿岸堆积地面。

岸线资源 coastline resources

指占用一定范围水域和陆域空间的国土资源，是水土结合的特殊资源，分为海岸线资源和内河岸线资源。

岸站观测 shore station observation

在近岸、海岛和平台等岸站对潮汐、海浪、海水温盐、海冰等，以及海洋气象要素和海洋环境质量等进行的观测活动。

暗礁 submerged reef

又称"暗沙"，低潮时仍不露出海面的水下礁石。可以由生物体组成（如珊瑚礁），也可以由火山岩礁或大陆岩石在水下的延伸部分组成。暗礁离水面一般不到 10 米，往往孤立海中或靠近海岸，对安全航行不利。

暗礁群 reefs

由众多暗礁组成、成片分布的地理实体。

暗沙 hidden dune

又称"暗礁"，参见暗礁。

奥肯定律 Okun's law

描述 GDP 变化和失业率变化之间存在的一种相当稳定的关系。奥肯定律的内容是：失业率每高于自然失业率 1 个百分点，实际 GDP 将低于潜在 GDP 2 个百分点。

B

BA 网络模型 Barabási-Albert network model，BA network model

该模型是 Barabási 和 Albert 为了解释幂律的产生机制，于 1999 年提出的无标度网络模型（BA 模型），与以前模型相比强调真实网络的增长性和择优连接性。所谓增长性是指网络规模是在不断增大的，即在研究的网络当中，网络的节点是不断增加的，择优连接性是指网络中不断产生的新节点更倾向于和那些连接度较大的节点相连接。

巴厘路线图 Bali Roadmap

联合国气候变化大会于 2007 年 12 月 15 日通过的关于 2009 年前应对气候变化谈判的关键议题所确立的议程。议题包括：适应气候变化消极后果的行动，减少温室气体排放的方法，广泛使用气候友好型技术的方法，以及对适应和减缓气候变化措施进行资助。

巴林塘海峡 Balintang Channel

位于菲律宾巴坦群岛与巴布延群岛之间，沟通南海与太平洋的重要通道。

巴士海峡 Bashi Channel

位于中国台湾岛与菲律宾巴坦群岛之间，连接南海与太平洋的重要通道。

白令海 Bering Sea

位于亚洲大陆与北美洲阿拉斯加、阿留申群岛之间，经白令海峡与北冰洋相通，太平洋北部的边缘海。

搬运介质 transportation medium

地面物质搬运过程中起媒介作用的物质称为搬运介质。常见的搬运介质主要有流水、空气、冰川、地下水、波浪和潮流等。

半岛 peninsula

伸入海洋或湖泊，三面被水域包围的陆地。

半结构化问题 semi-structured question

半结构化问题介于结构化问题和非结构化问题之间，其求解过程和求解方法有一定规律可以遵循，但又不能完全确定。也就是说这种问题既存在可以量化的因素，又有不能量化的因素，一般可适当建立模型，但无法确定最优方案。

半深海沉积 hemipelagic sediment；hemipelagic deposit

大陆坡区或水深在 200 ~ 2000 米范围内的海底沉积，又称"陆坡沉积"。陆坡沉积物具有大陆和洋盆之间的过渡性质。沉积物粒度小于浅海，以泥为主，其次为砂。陆坡沉积物的成因主要有滑坡沉积物、海底峡谷底部沉积物和峡谷出口的浊流沉积物等。

半月潮 fortnightly tide

月亮和太阳的引潮力产生的半月分波。

保护地中海免受污染公约 Convention on Protection of the Mediterranean from Pollution

为保护地中海海洋环境而订立的区域性国际公约。1976 年 2 月 16 日在巴塞罗那通过，1978 年 2 月 12 日生效，有 17 个国家及欧洲经济共同体参加缔约。公约规定：缔约国应采取一切措施，以防止和消除该国领土内因船舶和飞机倾废，或因船舶排出物，或因勘探和开发海床及底土，或来自河流及沿岸设施的流出物，或因其他陆地来源造成的污染，应合作采取措施应对任何原因引起的污染，建立区域污染检测方案，进行有关海洋污染的科技研究；联合制订关于因违反公约和议定书发生损害的责任和赔偿的判决程序。

保护生态学 conservation ecology

研究生物多样性保护的科学，即研究从保护生物物种及其生存环境着手来保护生物多样性的学科。

保留区 reservation area

目前尚未开发利用，且在区划期限内也无计划开发利用的海域。

堡岛 barrier island

又称"障蔽岛"，与海岸平行，其间被潟湖隔开的长条状沙质或砂砾质堆积体。堡岛一般位于高潮位以上，外侧为开放海，内侧是封闭或半封闭的半咸水潟湖，两者之间常以一个或多个潮汐通道相连接。

堡礁 barrier reef

又称"离岸礁"，指与海岸有一定距离的珊瑚礁群。

北冰洋 Arctic Ocean

位于亚洲、欧洲和北美洲之间，地球最北端，且面积最小、最浅的大洋。

北部湾 Beibu Gulf

位于南海西北部，并向西凸出的半封闭海湾。

北海 North Sea

大西洋东北部的边缘海。呈方形，位于大不列颠岛与欧洲大陆之间，东西最宽 676 千米，南北最长 1126 千米，面积约 57.5 万平方千米，最大水深 0.725 千米，平均水深为 0.094 千米。

贝壳堤 shelf ridge

又称"湿地滩脊"，主要由贝壳及其碎片组成的滩脊。一般分布在侵蚀后退的淤泥质潮滩高潮线附近。

被动大陆边缘 passive continental margin

又称"大西洋型大陆边缘"、"稳定大陆边缘"，其地壳是洋壳到陆壳的过渡，大陆和海洋位于同一刚性岩石圈板块内的过渡带，是拉张裂离作用显著，断陷盆地发育，缺乏海沟俯冲带，无强烈的地震、火山和造山运动的大陆边缘。

本年应交增值税 current year value added tax payable

企业按税法规定，从事货物销售或提供加工、修理修配劳务等增加货物价值的活动本期应交纳的税金，指企业在报告期应交增值税额。计量单位：万元。计算公式为：本年应交增值税 = 销项税额 –（进项税额 – 进项税额转出）– 出口抵减内销产品应纳税额 – 减免税款 + 出口退税。

崩塌 avalanche

陡坡或悬崖上的不稳定岩（土）体在重力作用下突然下坠滚落的现象。

闭海 enclose seas

两个或两个以上国家所环绕并由一个狭窄的出口连接到另一个海或洋，或全部或主要由两个或两个以上沿海国的邻海和专属经济区构成的海湾、海盆或海域。

庇古税 Pigouvian Taxes

根据污染所造成的危害对排污者征税，用税收来弥补私人成本和社会成本之间的差距，使两者相等，这种税便被称为"庇古税"。

碧海行动 blue sea action

"渤海碧海行动计划"是中国"十五"期间实施的环境保护重点项目，是国务院批准的"渤海绿色运动"，是中国最早实施的国家级"陆源污染及近岸海域保护"计划。该计划分为近期、中期、远期3个阶段，共15

年，总投资 555 亿元，由 427 个项目构成。

边际产品价值 value of marginal product，VMP

增加一个单位生产要素所增加的产量的价值等于边际物质产品与价格的乘积。

边际消费倾向 marginal propensity to consume，MPC

增加的消费与增加的收入之比率，也就是增加的一单位的收入中用于增加消费部分的比率。

边水 edge water

油气藏的含油气边界以外的水。

边缘海 marginal sea

位于大陆边缘，一侧以大陆为界，另一侧以半岛、岛弧与大洋分隔的海域。

边缘海盆地 marginal sea basin

又称"弧后盆地"，是指沟－弧体系陆侧具有洋壳结构的深水盆地，位于岛弧后方。

边缘盆地 marginal basin

分布于边缘海内的具有大洋型或过渡型地壳的构造盆地。

贬值 depreciation

按所能购买到的外国通货量衡量的一国通货的价值减少。

标志点 index point

具有明显标志并可通过对其坐标的测量推算界址点坐标的点。

标志线 index line

由标志点连接而成的线。

标准海水 standard sea water

经过严格的过滤处理，调整其氯度为 19.38 左右的大洋海水。

滨 shore

又称"海滨"，自低潮线向上直至波浪所能作用到的陆上最远处或最大上冲流之间的地带，海滨包括前滨与后滨。

滨海博物馆 costal museum

沿海地区的综合类博物馆、展览馆等，如海洋科技馆等。

滨海沉积 littoral sediment

又称"近岸沉积"、"滨岸带沉积"，指近岸水深 0 ~ 20 米范围内的沉积。

滨海公共交通运输 coastal public transportation

为滨海游客提供的城市公共交通运输服务。

滨海纪念馆 marine memorial museum

滨海地区的烈士陵园、纪念堂和烈士纪念馆等。

滨海矿产资源 beach mineral resource

分布在离岸较近的滨海地区海底，可以被人类利用的矿物、岩石和沉积物。主要有海滨砂矿、石油、天然气、砂、砾石、磷灰石、硫酸钡结核、钙质贝壳、煤、铁、硫、岩盐、钾盐、重晶石和锡矿等。

滨海疗养院 littoral sanatorium

滨海地区建立的以疗养、康复为主，以治疗为辅的医疗机构。

滨海轮渡 coastal ferry

用渡船将滨海客货、车辆渡过港湾或海峡的轮渡服务。

滨海旅馆 coastal hotel

不具备评定旅游饭店和同等水平饭店的滨海旅馆，包括各种旅馆、旅社、客栈等。

滨海旅行社 seaside travel agency

沿海地区有营利目的，从事旅游业务的企业。

滨海旅游度假村 coastal tourism resort

滨海地区一个涵盖自然地貌、建筑物及人工景物，用作休闲娱乐的建筑群。

滨海旅游饭店 coastal tourism restaurant

按国家有关规定评定的或具有同等质量、水平的滨海旅游饭店，包括饭店、宾馆、酒店、疗养所、度假村等。

滨海旅游业 coastal tourism industry

沿海地区开展海洋观光游览、休闲娱乐、度假住宿和体育运动等活动所产生现象和关系的总和，是包括沿海地区的城市建设、商务活动等与旅游活动相关的食、住、行、游、购、娱等诸要素所形成的旅游产业。

滨海旅游业管理 coastal tourism management

各级政府部门对海洋旅游相关事务的管理活动。

滨海气候 coastal climate

又称"海岸带气候"、"海洋（性）气候"，指陆地沿海和海岛气候受大陆影响小，受海洋影响大，气候温和、湿润、多云。

滨海砂矿 beach placer；littoral placer

又称"海底砂矿"。滨海地带内流河、波浪、潮汐、潮流和海流等作用，使重矿物富集于海底松散沉积物中而形成的矿产，包括海滨金属砂矿和非金属砂矿两种类型。

滨海湿地 littoral wetland

低潮时水深浅于6米的水域及其沿岸浸湿地带，包括水深不超过6米的永久性水域、潮间带（或洪泛地带）和沿海低地等。

滨海盐土 coastal saline soil

沿海地区由盐渍淤泥形成的土壤。特点是盐分主要来自海水，表层含盐量大多在0.6%～1.0%，下层在0.4%～0.8%之间，地下水埋深1～2米，矿化度一般为10～30克/升，高者30～50克/升以上。盐分组成以氯化钠为主，氯离子约占阴离子总量的80%～90%以上。

滨海沼泽 coastal marsh

又称"海岸沼泽"，参见海岸沼泽。

滨海宗教旅游景区 costal religious tourism scenic spot

滨海地区寺庙、清真寺、教堂等宗教服务区域，如妈祖庙。

滨面 shoreface

位于低潮位以下，始终被海水覆盖的、狭窄的海滩部分，相当于内滨地带。其上界为低潮滨线，下界是较陡的滨面与平缓的滨外表面之间地形突变处。该带沉积作用主要受波浪控制，泥沙运动十分活跃。

滨线 shoreline; strandline

海面与海滩的交界线。低潮位海面与海滩的交界线称为低潮滨线，高潮位海面与海滩的交界线称为高潮滨线。

冰川地貌 glacial landform

由冰川作用形成的地表形态。

冰海沉积 iceberg deposit

漂浮于海岸边缘的冰舌、冰山、冰棚中所挟带的冰碛物在海洋底部的沉积。较广泛分布于海底，如围绕南极有一个宽达 370～1 300千米的现代冰海沉积带。

冰蚀地貌 glacial erosion landform

当冰川发生时，冰体及其携带的物质对底部及旁侧的岩石进行刨蚀之后而残留的各种地形地貌。

冰缘地貌 periglacial landform

主要由冻融作用塑造成的寒区地形。

波长 wave length

波剖面上相继两波峰间的距离。

波陡 wave steepness

用波高与波长之比表示波形的物理量。

波腹 antinode

驻波在空间内特定量振幅为最大值处的点或轨迹。

波高 wave height

波剖面上相邻的波峰与波谷间的垂直距离。

波痕 ripples; ripple marks

非黏结性物质（主要是松散的砂质沉积物）在水流、波浪或风的作用下形成的一种波脊与波谷相间的微地貌形态。波痕广泛出现在河床、潮间带、潮下带以及风成沙丘的表面。

波候 wave climate

某一海域的波浪状况的长期统计特征，如平均值、方差、极值概率等。

波浪能 wave energy

风和其他自然力作用在海面上产生的波浪运动中所存储的能量。

波浪绕射 wave diffraction

又称"波衍射"，波浪在传播过程中遇到防波堤或岛屿等障碍物时，一部分受阻反射，另一部分可以绕过障碍物而传至其几何掩蔽区域内，这种波能横向传递的现象称为波浪绕射。此时波能沿波峰线向掩蔽区域扩散，波高也逐渐衰减。

波浪型三角洲 wave dominated delta

又称"浪控型"三角洲，以波浪作用为主形成的三角洲。此类三角洲一般形成于河流输沙少、三角洲前坡较陡和沿岸流强的地区。波浪作用能够对绝大多数河流入海的沉积物进行再分配，三角洲的沉积作用沿整个三角洲前缘发生，因而形成与岸线平行的线状或席状沙体，如墨西哥湾的格里加尔瓦三角洲。

波浪要素 wave characteristics

表征海浪状态的主要特征值。常用的特征值为波型、波向、波高和周期。

波浪折射 wave refraction

波浪从外海向近岸传播时，因水深变化而发生波向线和波峰线转折的现象。

波龄 wave age

表征风浪成长情况的物理量，用风浪传播速度与引起风浪的风速之比表示。

波流 wave induced current

波动引起的非周期性水平运动或波动引起的流体沿一定方向的运动，

包括沿海岸斜向传播的波浪引起的破波带内的沿岸水流；垂直于海岸传播的波浪引起的破波带内的向岸流；波动水质点的封闭运动引起的水体位移等。

波罗的海 Baltic Sea

位于欧洲北部斯堪的纳维亚半岛和日德兰半岛以东的大西洋的陆内海，是世界上最大的半咸水水域，也是世界上盐度最低的海。

波剖面 wave profile

垂直于波峰线或沿波向线切割波浪的铅直剖面。

波蚀台 wave-cut platform

又称"浪蚀台"，参见浪蚀台。

波斯湾 Persian Gulf

阿拉伯海北部的海湾。

波向 wave direction

波浪传来的方向。

波周期 wave period

波剖面上相继两波峰通过某一点的时间间隔。

泊位 berth

港区内供船舶安全停泊并进行装卸作业所需要的水域和相应设施。

泊位数 number of berths

报告期末泊位的实际数量。泊位分码头泊位和浮筒泊位，凡港区范围内所有的生产用和非生产用码头泊位均应进行统计，既包括产权属港务局的码头泊位，也包括产权属航运部门、企业的专用码头泊位。计量单位：个。

博弈论 game theory

又称"对策论"，是一门以数学为基础的，研究对抗冲突中最优解问题的科学。

渤海 Bohai Sea

中国大陆东部由辽东半岛与山东半岛所围绕的、近封闭的浅海，是中国的内海。

渤海低压 Bohai Sea Low

中心出现在渤海的温带气旋。

渤海海峡 Bohai Strait

位于中国辽东半岛与山东半岛之间，沟通渤海与黄海的唯一通道。

补偿流 compensation current

由于某一海区的海水流失，邻近的海水随即流去补充而形成的海流，包括水平方向的补偿流和垂直方向的补偿流。

补偿贸易 compensation trade

一方在信贷的基础上，从国外另一方买进机器、设备、技术、原材料或劳务，约定在一定期限内，用其生产的产品、其他商品或劳务，分期清偿贷款的一种贸易方式。

补给区 recharge area

含水层出露或接近地表接受大气降水和地表水等入渗补给的地区。

捕捞强度 fishing intensity

单位时间、单位面积水域内采捕某种经济海洋动物的能力。取决于捕捞船只和网具的大小与数量，捕捞技术的高低。

捕捞许可证制度 license system for fishing

捕捞许可证制度是《中华人民共和国渔业法》等法律法规明确规定的，捕捞单位或个人向环境保护行政主管部门申请领取捕捞许可证，并按照许可证的规定进行捕捞，是法律规定的义务和权利。

捕捞压力 fishing stress

通过捕捞生产输出物质对海洋生态系统物质循环的胁迫。

不可再生能源 non – renewable energy resources

"可再生能源"的对称。泛指人类开发利用后，在现阶段不能重复再生的能源资源，如煤炭、石油、天然气等矿藏能源。这类能源是经过漫长的地质年代逐步形成的，随着大规模的开采利用，蕴藏量逐渐减少，不能再生。

布局指向 layout orientation

在各种因素和布局机制共同作用下的产业布局，往往反映出对某一类地域的倾向。

部分混合河口 partially mixed estuaries

混合程度中等，咸淡水之间不存在明显的交界面，但在水平和垂直两个方向都存在密度梯度的河口。这种河口的潮流和径流作用都比较强，由于下层盐水大量掺入上层，形成较强的垂向环流。

C

财政政策 fiscal policy

为促进就业水平提高，减轻经济波动，防止通货膨胀，实现稳定增长而对政府支出、税收和借债水平所进行的选择，或对政府收入和支出水平所作的决策。

菜单成本 menu costs

厂商对价格调整时所产生的成本负担，包括：研究和确定新价格的成本、重新编印价目表的成本、通知销售点更换价格标签的成本等。

残岛 relic island

岛屿受海蚀、湖浪侵蚀或河流流水冲蚀，逐渐缩小，最后消失，暂时残留在海洋、湖泊或河流中的部分。

残海 relic sea

又称"残留海"，地槽型海盆处于衰老退化阶段的海域。如地中海地槽的各个支海。亚、欧、非三大洲之间的地中海，由于面积很大，保留着大洋的一些特征；黑海则成为半封闭的；里海和咸海则已隔离出来，代表着海域发展的最后阶段。

草甸盐土 meadow saline soil

由各种类型的草甸土（或称为潮土）逐步演变而成。受地下水常年上下活动的影响，积盐过程和草甸过程相伴进行，除具有盐土的积盐特征外，表层有一定数量的有机积累，底土有明显的锈纹，具备降渍排盐条件即可开发利用。

层化海洋 stratified ocean

海水的物理、化学和生物等特性，尤指温度、盐度和密度具有垂向分层结构的海洋。

产卵场 spawning ground

鱼类集群产卵的场所，具有鱼类产卵所需要的理化和生物条件。产卵场内可能包含许多产卵地。

产品生命周期 product life cycle

一种产品从原料采集、原料制备、产品制造和加工、包装、运输、分销，消费者使用、回用和维修，最终再循环或作为废物处理等环节组成的整个过程的生命链。

产品生命周期设计 product life cycle design

在产品开发阶段，综合考虑产品整个生命周期过程中的环境因子，并将其纳入设计之中，以求产品整个生命周期过程中的环境影响最小化，最终引导产生更具有可持续性的生产和消费系统。

产品生态学 product ecology

通过辨识和诊断，确定影响产品竞争能力的生态环境参数，制定产品进入市场的产品生态规范，使整个产品商业价值中包含生态环境价值的学科，如低能耗、无氟冰箱等。

产权 property right

是经济所有制关系的法律表现形式。它包括财产的所有权、占有权、支配权、使用权、收益权和处置权。

产业布局 industrial layout

国民经济各产业在空间上的分布和组合现象。

产业布局政策 industrial layout policy

调节生产要素在地理空间上的配置政策。

产业布局指向 industrial layout orientation

在各种因素和布局机制的作用下，一个产业区位选择的趋向。主要产业布局指向类型有能源指向、原料地指向、消费地指向、劳动力指向、交通运输枢纽指向、高科技指向等。

产业结构政策 industrial structure policy

政府调节资源在产业间配置的构成及其关联性的政策，涉及结构协调和结构进化两个问题。

产业链 industry chain

一种或几种资源通过若干产业层次不断向下游产业转移直至到达消费者的路径与过程，是产业层次、产业关联程度、资源加工深度以及满足需求程度的综合反映。通过研究产业规律，注重产业之间的相关性、承接性和多层次的深度开发，延长产业链，可以降低产业聚集成本，提高产品附加价值。

产业生态学 industrial ecology

一门研究社会生产活动中自然资源从源、流到汇的全代谢过程，组织管理体制以及生产、消费、调控行为的动力学机制、控制论方法及其与生命支持系统相互关系的系统学科。

产业政策 industrial policy

政府为了实现一定的经济和社会目标，以区域经济各产业为对象，通过对各产业的保护、扶植、调整和完善，直接或间接参与产业或企业生产经济活动的各种政策的总和。

产业组织政策 industrial organization policy

调控一个产业内的资源配置结构的政策，以解决规模经济与竞争资产的矛盾。

常规能源 conventional energy resources

在现阶段已经大规模生产和广泛使用的能源。

常量元素资源 constant elements resources

海水中所含的各种常量元素资源。海水是一种化学成分复杂的混合溶液，迄今已发现的化学元素达 80 多种。每升海水超过 100 毫克的元素，称为常量元素。最主要的常量元素有氧、钠、硫、钙、钾、溴、碳、锶、硼、氟 11 种，约占化学元素总含量的 99.8% ~ 99.9%。

长江 the Yangtze River；the Changjiang River

中国第一大河，世界第三长河，仅次于非洲的尼罗河与南美洲的亚马逊河。它发源于青藏高原唐古拉山主峰各拉丹冬雪山，流经今青海、西藏、四川、云南、重庆、湖北、湖南、江西、安徽、江苏、上海等 11 个省（自治区、直辖市），最后在上海注入东海。长江全长 6 397 千米和黄河并称为中华民族的"母亲河"。

长江三角洲 Yangtze River delta；Changjiang（River）delta

长江入海而形成的冲积平原，包括上海市、江苏省和浙江省的部分地区。由沪、苏、浙三地 16 个地级及以上城市组成的复合型区域，具体包括上海市、江苏省的南京、苏州、无锡、常州、镇江、南通、扬州和泰州，以及浙江省的杭州、宁波、嘉兴、湖州、绍兴、舟山和台州市，其土地面积为 10.96 万平方千米。

长江三角洲经济区 Yangtze River delta economic zone；Changjiang（River）delta economic zone

长江三角洲沿岸地区所组成的经济区域，主要包括江苏省、上海市和浙江省两省一市的海域与陆域。

朝鲜海峡 Korea Strait

位于朝鲜半岛东南与对马岛之间，沟通日本海和黄海的重要通道。

潮波 tidal wave

引潮力引起的海水波动现象，即海洋中以半日或全日为周期的长周期波动。

潮差 tidal range

又称"潮幅"。指在一个潮汐周期内，相邻高潮位与低潮位间的差值。

潮沟 tidal creek

潮流侵蚀作用形成的潮滩沟谷系统。

潮混合 tidal mixing

不同水体混合后的密度大于参与混合水体的平均密度的现象。

潮间带 intertidal zone

高潮线与低潮线之间的地带，相当前滨。我国具体指海岸线与海图零米线之间的地带。

潮间带生物 intertidal benthos

生活在潮间带地表的植物和底表与底内的动物。

潮控河口湾 tide dominated estuaries

以潮流作用为主的漏斗状河口湾。此类河口湾通常在河口湾中心，自湾口向湾顶。随着地形的收缩和水道变窄，依次分布着以潮流作用为主塑造的潮流脊和高流态沙坪、径流与潮流相互作用形成的曲流河段和以河流作用为主的顺直河段；而在河口湾的两侧，因水动力较弱，广泛发育淤泥质潮滩和盐沼。

潮龄 tidal age

朔、望日到大潮来临的时段，约 1~3 天。

潮流 tidal current

海水在潮位升降时发生的沿水平方向的流动。

潮流界 tidal current limit

入海河流下游受海洋潮汐影响而出现往复涨、落潮流的上界，称为潮流界。外海潮波沿河口上溯时，在一定区段内存在涨落潮流的交替。愈往上游，涨潮流历时越短，落潮流历时越长。潮流界即是涨潮流历时为零的位置。潮流界的位置有一定的变动范围，一般将多年平均枯季大潮的潮流界作为河口潮流界。

潮流能 tidal current energy

月球和太阳的引潮力使海水产生周期性的往复水平运动时形成的动能，集中在岸边、岛屿之间的水道或湾口。

潮流三角洲 tidal delta

又称"潮汐三角洲"。在潮汐通道内外由于涨、落潮流携带泥沙落淤而形成的三角洲。在通道内侧由涨潮流携带泥沙沉积而形成的堆积体，称为涨潮三角洲；在通道外侧由落潮流携带泥沙沉积而成的堆积体，称为落潮三角洲。

潮能 tidal energy

潮汐能与潮流能的总称。能量的大小与其潮差和潮量大小成正比。

潮上带 supralittoral zone；supratidal zone

平均高潮位与较大潮或风暴潮时海浪所能作用到的陆上最远处之间的地带。

潮升 tide rise

高潮位的平均高度，分为大潮升和小潮升。

潮滩 tidal flat

海堤与低潮位之间的区域。由潮汐作用形成的平缓宽坦的淤泥粉砂质堆积体。

潮位 tide level

某点潮汐海面相对于某一基准面的铅直高度。

潮汐 tide

在天体引潮力作用下产生的海面周期性涨落现象。

潮汐观测 tidal observation

采用验潮仪或水尺测量潮高的过程。

潮汐理论 tidal theories

运用流体力学的原理与方法，研究海洋潮波的形成、发展和变化的理论。

潮汐能 tidal energy

在太阳、月亮对地球的引潮力的作用下，使海水周期性地涨落所形成的能量。

潮汐水位 tidal water level

海洋或港湾、河道受潮汐影响而随时涨落的水位。在潮汐的一个涨落周期内，水面上升到最高点时的水位，称为最高潮水位；水面下降到最低点时的水位，称为最低潮水位。

潮汐通道 tidal channel; tidal inlet

由海伸向湿地或潮滩的潮流通道。

潮汐现象 tidal phenomenon

海水在天体（主要是月球和太阳）引潮力作用下所产生的周期性运

动。

潮汐学 tidology

研究潮汐现象及其过程的形成原因、变化规律和对其进行预报的学科。

潮汐循环 tidal cycle

潮汐升降、涨落的变化过程。反映潮汐的长周期波动现象，通常分为半日或全日。垂直方向上表现为潮位的升降，水平方向上则表现为潮流的涨落。

潮下带 subtidal zone

平均大潮低潮位以下向海延伸的潮滩地区。

潮灾 damage by tide

天文潮和风暴潮共同作用下，海水涌上陆地所造成的灾害。

潮致余流 tidal residual current；tide-induced residual current

由湍流摩擦、底形和岸界形状等因素的非线性效应导致在近岸和河口区域，做潮汐运动的水质点经过一个潮周期后并不回到原先的起始位置而产生水平位移的运动。

城市病 urban disease；city disease

城市在发展过程中出现的交通拥挤、住房紧张、供水不足、能源紧缺、环境污染、秩序混乱，以及物质流、能量流的输入、输出失去平衡，需求矛盾加剧等问题。这些问题使城市建设与城市发展处于失衡和无序状态，造成资源的巨大浪费、居民生活质量下降和经济发展成本提高，在一定程度上阻碍了城市的可持续发展。

城市的"三生功能" city's "three functions"

即：（1）确保城市居民的生存和发展；（2）确保城市生产和流通的运

行；（3）努力从生态失衡走向生态平衡。

城市的"三元结构" city's ternary structure

即：（1）满足和组织社区生活的城市社会结构；（2）满足和促进社区生产和流通的城市经济结构；（3）满足和维持社区生态平衡的城市空间结构。

城市分区规划 city district planning

在城市总体规划的基础上，对局部地区的土地利用、人口分布、公共设施、城市基础设施的配置等方面所作的进一步安排。

城市规划 urban planning

一定时期内城市的经济和社会发展、土地利用、空间布局以及各项建设的综合部署、具体安排和实施措施。

城市化 urbanization

由传统的农业社会向现代城市社会发展的自然历史过程。表现为人口向城市的集中、城市数量的增加、规模的扩大以及城市现代化水平的提高，是社会经济结构发生根本性变革并获得巨大发展空间的表现。

城市化动力机制 urbanization dynamic mechanism

在城市化过程中，能够推进城市化进程的各种力量及其之间的相互关系。

城市化率 urbanization level

又称"城市化水平"，参见城市化水平。

城市化水平 urbanization level

又称"城市化率"，是衡量城市化发展程度的数量指标，一般用一定地域内城市人口占总人口比例来表示。

城市化速度 urbanization velocity

城市化速度与城市化水平密切相关，它以城市化水平年平均提高的百分点数来衡量。

城市近期建设规划 short-range urban planning

是对城市的重要基础设施、公共服务设施和中低收入居民住房建设以及生态环境保护等重点内容作出的安排，以及对近期城市建设的时序、发展方向和空间布局的确定。

城市经济生态学 urban economic ecology

从经济学角度重点研究城市代谢过程的物流、能流和信息流的转化、利用效率等问题的学科。

城市景观生态学 urban landscape ecology

从景观尺度研究城市不同生态系统之间代谢过程的物流、能流和信息流的转化、利用效率等问题的学科。

城市控制性详细规划 urban control detailed planning

以城市的总体规划为依据，确定城市建设地区的土地使用性质和使用强度的控制指标、道路和工程管线控制性位置以及空间环境控制的规划要求。

城市社会生态学 urban socioecology

研究城市环境对人的生理和心理的影响、效应及人在建设城市、改造自然的过程中所遇到的人口、交通、能源等问题的学科。

城市生态学 urban ecology

研究城市或城市化环境下人类活动与其物理和生命环境关系的学科。其研究层次可以包括从分子、细胞、个体、社区到城市、城市群乃至城市化区域不同尺度内部和之间的生态关系。主要研究以人类活动为主导的复合生态系统的结构、功能、演化、过程的基本规律、生态服务的机制和规划、建设、管理的系统方法。

城市详细规划 urban detailed planning

以城市的总体规划为依据，对一定时期内城市的局部地区的土地利用、空间布局和建设用地所作的具体安排和设计。

城市修建性详细规划 urban construct detailed planning

以城市的总体规划或控制性详细规划为依据，制定用以指导城市各项建筑和工程设施及其施工的规划设计。

城市自然生态学 urban natural ecology

研究城市的人类活动对所在地域自然生态系统的积极和消极影响，以及地域自然要素对人类活动的影响，即人的城市活动与地域的自然生态系统要素之间相互关系的学科。

城市总体规划 urban master planning

对一定时期内城市的性质、发展目标、发展规模、土地利用、空间布局以及各项建设的综合部署、具体安排和实施措施，是引导和控制城市建设，保护和管理城市空间资源的重要依据和手段。

城乡二元结构 urban-rural dualistic structure

维持城市现代工业和农村传统农业二元经济形态，以及城市社会和农村社会相互分割的二元社会形态的一系列制度安排所形成的制度结构。包括城乡二元经济结构和城乡二元社会结构。

城乡规划 town and country planning

政府对一定时期内城市、镇、乡、村庄的建设布局、土地利用以及经济和社会发展有关事项的总体安排和实施措施，是政府指导和调控城乡建设和发展的基本手段之一。

城乡规划管理 town and country planning management

组织编制和审批城乡规划，并对城市、镇、乡、村庄的土地使用和各项建设的安排实施规划控制、指导和监督检查。

城乡一体化 rural-urban integration

以城市为中心、小城镇为纽带、乡村为基础，城乡依托、互利互惠、相互促进、协调发展、共同繁荣的新型城乡关系。

城镇化 urbanization

从以农业活动为主的农村向以非农业活动为主的城镇转型的过程。城镇化的内涵包括四方面：一是农村人口城镇化；二是农村地域城镇化；三是农村经济活动城镇化；四是农民生活方式城镇化。城镇化的过程即是农民和农村的生活方式和生产方式文明程度不断提高、不断现代化的过程，也是改变城乡二元结构，实现城乡一体化的过程。

城镇建设填海造地用海 sea area use for town's construction by sea reclamation

通过筑堤围割海域，填成土地后用于城镇（含工业园区）建设的海域，用海方式为建设填海造地。

城镇体系 urban system

在一个区域内经济社会联系密切的，具有不同职能、不同规模、不同等级的城镇群体。

城镇体系规划 urban system planning；urban hierarchical planning

对一定地域范围内，以区域生产力合理布局和城镇职能分工为依据，确定不同人口规模等级和职能分工的城镇的分布和发展规划。

乘数效应 multiplier effect

当扩张性财政政策增加了收入，从而增加了消费支出时引起的总需求的额外变动。

持久性有机污染物 persistent organic pollutant，POP

毒性极高，在海洋环境中持久存在，能通过食物链在生物体内富集并危害人体健康的有机污染物。

赤潮 red tide

一定环境条件下，海洋微藻、原生动物或细菌爆发性增殖，聚积达到某一水平，而引起的水体变色或对海洋其他生物产生危害的生态异常现象。或海洋近岸水域微型与小型浮游生物，高度密集而导致表层水变为粉红色、赤色、绿色或黄褐色的现象。

冲沟 gully

一种较大的、有间歇性水流活动的长条状谷地，由切沟发展而来。

冲积层 alluvion

冲积物组合在一起而形成的沉积层。

冲积岛 alluvial island

河流冲积物堆积成的岛屿，地势低平。

冲积平原 alluvial plain

河流搬运的碎屑物，因流速减缓、能量降低而逐渐堆积下来所形成的平原。

冲积扇 alluvial fan

山地河流从出山口进入平坦地区以后，因坡降骤减，水流搬运能力大为减弱，部分挟带的碎屑物堆积下来，形成从出口顶点向外辐射的扇形堆积体。

冲积物 alluvial deposit

常年流水（主要是河流）所挟带、搬运的碎屑物，当水流能量降低时而堆积下来的物质。

出口 exports

国内生产而在国外销售的物品与劳务。

初级生产力 primary productivity

自养生物利用太阳能进行光合作用，或利用化学能进行化能合成作用，同化无机碳为有机碳的能力。

初级生产量 primary production

自养生物通过光合作用或化能合成作用所固定的太阳能量或所制造的有机物的量。初级生产量分总初级生产量和净初级生产量，后者是总初级生产量减去自养生物在光合作用或化能合成作用的同时因呼吸作用所消耗的量。

初生冰 new ice

最初形成的冰的总称。包括冰针、油脂状冰、黏冰和海绵状冰等。

传统海洋产业 traditional marine industry

由海洋捕捞业、海盐业和海洋运输业等组成的古老的生产和服务行业。

船舶工业用海 sea area use for shipbuilding industry

船舶（含渔船）制造、修理、拆解等所使用的海域，包括船厂的厂区、码头、引桥、平台、船坞、滑道、堤坝、港池（含开敞式码头前沿船舶靠泊和回旋水域，船坞、滑道等的前沿水域）及其他设施等所使用的海域。

船旗国 flag state

船舶悬挂某一国家的国旗即具有该国国籍，这个国家即该船的船旗国。船舶在公海上只服从国际法和船旗国的法律。

船坞 dock

修、造船用的大型水工建筑物。

垂直区域经济合作 altitudinal regional economic cooperation

合作双方经济技术水平差距较大，所提供生产要素的加工深度和技术层次不同的合作活动。

垂直稳定度 vertical stability

表示海洋水层稳定程度的量，为相邻两层海水的密度差与该两层海水之间的垂直距离之比值。

纯碱制造 soda manufacturing

以海盐或海盐卤水为原料生产纯碱的活动。

次级生产力 secondary productivity

消费者将食物中的化学能转化为自身组织中的化学能的过程称为次级生产过程。在此过程中，消费者转化能量合成有机物质的能力即为次级生产力。

次级生产量 secondary production

动物和其他异养生物靠消耗生产者的初级生产量制造的有机物质或固定的能量。在海洋中次级生产量指植食性浮游动物或植食及碎屑食性底栖动物的产量，可以用现场测定法（产卵率法）、种群动力学模型方法，以及 P/B 法测定和估算。

次生环境 secondary environment

由于人类社会生产活动，导致原生自然环境的改变后形成的环境。

从业人员劳动报酬 employees remuneration

企业在报告期内支付给本单位从业人员的全部劳动报酬，包括工资、福利费、奖金、津贴及各种补助。计量单位：元。

粗糙性 roughness

因为描述事件的知识（或信息）不充分、不完全，导致事件间的不可分辨性。粗糙集把那些不可分辨的事件都归属一个边界域。因此，粗糙集中的不确定性是基于一种边界的概念，当边界域为一空集时，则问题就变为确定性的。

粗放式增长 extensive growth

主要依靠生产要素投入的增加实现的经济增长。通常以高投入、高消耗、高污染、低产出、低效益为特征。如上项目、铺摊子、重复建设，甚至搞"大而全"、"小而全"等。这种增长方式较多注重经济增长的数量和速度，忽视经济增长的质量和结构，会突破资源和环境的承载能力而无法持久。

脆弱性 brittleness property

由于系统（子系统、系统组分）对系统内外扰动的敏感性以及缺乏应对能力从而使系统的结构和功能容易发生改变的一种属性。

村庄规划 village planning

对一定时期村庄的经济和社会发展、土地利用、空间布局以及各项建设的综合部署、具体安排和实施措施。

存量资源 stock resources

"流量资源"的对称。是指具有储存特点的资源。

D

大部门体制 large department system

又称"大部分制"，是指在政府的部门设置中，把业务相似、职能相近的部门进行合并，相对集中，由一个大部门进行管理，从体制、机构与人员方面落实服务型政府的转变，整合和梳理体制结构。

大潮 spring tides

海洋的水面升降幅度最大的潮汐现象。

大海洋生态系统 large marine ecosystem，LME

面积超过 200 000 平方千米，具有独特水文、海底地形、生产力，以及适于种群繁殖、生长和取食的接近大陆宽广海域的生态系统。

大陆边 continental margin

大陆表面和大洋底面之间存在的一个广阔过渡带，由陆架、陆坡和陆基的海床和底土构成，不包括深洋洋底及其洋脊，也不包括其底土。

大陆架 continental shelf

〈海洋学〉又称"大陆坡"、"陆架"、"陆棚"、"大陆棚"，指大陆向海的自然延伸的浅水海底，自海底海岸低潮线起地形缓缓倾斜至海底坡度突然增加处（坡折线），平均坡度一般为 0.5°左右。

〈国际海洋法公约〉沿海国的大陆架包括其领海以外依其陆地领海的全部自然延伸，扩展到大陆边缘海底区域的海床和底土，或者从测算领海宽度的基线量起到大陆边缘外缘的距离不到 200 海里，则扩展到 200 海里的距离。

大陆架外部界限 external edge of continental shelf

（1）从领海基线到大陆外缘的距离不足 200 海里的，可扩展至 200 海里。（2）从领海基线到大陆外缘超过 200 海里的，大陆架外部界线的各定点，不应超过从测量领海的宽度的基线量起 350 海里。（3）或不应超过 2 500 米等深线以外 100 海里。

大陆块 continental block

海洋中，呈块状的地表形态。

大陆棚 continental shelf

又称"大陆架"、"陆架"、"大陆坡"、"陆棚"，参见大陆架。

大陆漂移 continental drift

大陆与大陆之间、大陆与大洋盆地之间的大规模水平运动。

大陆坡 continental shelf

又称"大陆架"、"陆架"、"陆棚"、"大陆棚"，参见大陆架。

大气潮 atmospheric tide

发生于低纬度地区的周期为半天、振幅约为 2 百帕的周期性气压变化。

大气水 atmospheric water

以气态、液态或固态存在于大气圈并主要存在于对流层中的水。

大西洋 Atlantic Ocean

位于欧洲、非洲、南极洲和南、北美洲之间的世界第二大洋。

大西洋型海岸 transverse – type coast

又称"横向海岸"，参见横向海岸。

大型集成系统的体系 systems of large integrated system

一个地域分布广泛，没有固定的系统组织结构和系统边界，主要依靠一系列组织和协议标准，通过信息交互、互动而集成的大型系统工程。和其他系统的区别是：（1）组成体系中的各系统独立可用；（2）各系统管理独立；（3）各系统分布不同的地理位置；（4）主动适应和演化发展；（5）涌现行为，整体提升。

大洋多金属结核开采 oceanic polymetallic nodule mining

大洋多金属结核等黑色金属辅助原料矿的采选活动。

大洋区 oceanic province；oceanic region；oceanic zone

〈海洋科学〉远离大陆，深度较大，面积广阔的区域。

〈生态学〉大陆架（水深大约200米）以外的远海大洋水层区。该区理化条件比较稳定。

大洋型地壳 oceanic crust

又称"洋壳"，参见洋壳。

大洋中脊 mid-oceanic ridge

又称"中央海岭"、"洋中脊"，位于大洋中央，绵延全球海底的中央山脉。

单位产品能耗 energy consumption for per unit products

报告期内生产某种产品所消耗的各种能源总量与该产品产量之比。

淡水生态学 freshwater ecology

研究生物有机体与淡水环境之间相互关系的学科。

氮肥制造 nitrogenous fertilizer manufacturing

以海洋石油化工产品（如石脑油）为原料，制造氮肥的生产活动，如合成氨。

岛港 island harbor

岛屿沿岸或与岛屿之间的港口。

岛弧 island arc

大陆与海洋盆地之间呈弧形分布的群岛。

岛架平原 insular plain

岛架上地形平坦、广阔的大型地理实体，为岛架的主体，平均坡度一般小于$0°10'$。

岛链 island chain

对链状排列的诸岛弧之总称。

岛屿 island

岛屿是四面环水并在高潮时高于水面的自然形成的陆地区域。

岛屿岸线总长度 total length of island coastline

岛屿平均大潮高潮位时海陆分界的痕迹线的长度。计量单位：千米。

德班会议 Durban conference

2011 年 11 月 28 日至 12 月 9 日，在南非德班召开的《联合国气候变化框架公约》第 17 次缔约方会议暨《京都议定书》第 7 次缔约方会议。大会最终通过决议，建立德班增强行动平台特设工作组，实施《京都议定书》第二承诺期，并启动绿色气候基金。

等潮差线 corange line

在潮汐（或分潮）分布图上，潮差（或振幅）相等点的连线。

等潮时线 cotidal line

在潮汐（或分潮）分布图上，具有相同潮汐位相点的连线。

等深线 isobathymetric line

深度相等的各点连成的曲线，用以显示海底表面的起伏。基本等深线为：0 米、2 米、5 米、10 米、20 米、30 米、50 米、100 米、200 米、500 米、1 000 米、2 000 米等。

等温线 isotherm

在海洋水温分布图上，水温相等各点的连线。

等盐线 isohaline

在盐度分布图上，表征盐度相等各点的连线。

低潮高地 low tidal highland

在低潮时四面环水并高于水面但在高潮时没入水中的自然形成的陆地。

低潮线 low water line ; low water works

海水后退至低水位时，低潮水面与岸边相交接处沿岸或海滩上出现的痕迹线。

低能海岸 low-energy coast

受海岬等保护而免受强浪作用，平均破波高小于 10 厘米的海岸。

低平海岸 flat coast; low coast

沿海平原或沉溺陆地发育的，岸坡低缓、波浪作用轻微的海岸。

低碳产业 low-carbon production

以低能耗、低污染为基础的产业，是低碳经济发展的载体。其发展将带动现有高碳产业的转型发展，催生新的产业发展机会，形成新的经济增长点，促进经济高速发展。发展低碳产业的核心是调整产业结构，不仅包括工业、农业、服务业构成的大产业体系的结构调整，还包括三大产业内部的结构调整。

低碳城市 low-carbon city

在城市空间经济社会发展过程中，倡导低碳经济发展模式，实施绿色交通和建筑，转变居民消费观念，创新低碳技术，从而实现碳排放与碳处理动态平衡的城市。

低碳概念股 low-carbon concept stock

证券市场里以节能环保为题材的上市公司。

低碳技术 low-carbon technology

低碳技术是国家核心竞争力的一个重要标志，是解决日益严重的生态环境和资源能源问题的根本出路，低碳技术广泛涉及石油、化工、电力、交通、建筑、冶金等多个领域，包括煤的清洁高效利用、油气资源和煤层气的高附加值转化、可再生能源与新能源开发、传统技术的节能改造以及CO_2捕获、利用与封存等。

低碳经济 low-carbon economy

减少碳化物排的全球经济发展模式。最早见诸政府文件是在 2003 年的英国能源白皮书《我们能源的未来：创建低碳经济》（UK Energy White Paper, Our Energy Future—Creating a Low Carbon Economy），白皮书提出：努力维持全球温度升高不超过 2℃。这就要求全球温室气体排放量在未来 10 ~ 15 年内达到峰值，到 2050 年则削减一半，为此，需要建立低碳经济模式，其本质是提高能源效率和改善能源结构，核心是能源技术创新和政策创新。

低碳能源 low-carbon energy

高能效、低能耗、低污染、低碳排放的能源，包括可再生能源、核能和清洁煤，其中可再生能源包括太阳能、风能、水能、海洋能、地热能及生物质能等。

低碳社会 low-carbon society

一个碳排放量低、生态系统平衡、人类的行为方式更加环保、人与自然和谐相处的社会。

堤 levee; embankment; dike

沿江、河、湖、海的边岸修建的挡水建筑物，建在江、河两岸的，称"江堤"或"河堤"；建在海边的，称"海堤"或"海塘"。

底栖生物 benthos; benthic organism

生活在水域底上或底内、固着或爬行的生物。现在一般只用于表示底栖动物。

底栖生物学 benthology

研究水域底内和底上生物的分类、分布、数量变动、种群动态、群落结构和繁殖、发育、摄食等生命现象，及其生物与环境因子间相互关系的学科。

底水 bottom water

位于含油层底部的水。

地表水 surface water

存在于河流、湖泊、沼泽、冰川和冰盖等地表水体中的水的总称。

地表水补给 surface water recharge

因地表水（水库、河流、湖泊、坑塘等）和地下水之间的天然水头差，使地表水自然入渗补给地下水的过程。

地层 stratum

在某一地质年代因沉积作用以及岩浆喷出活动形成的地层的总称。

地垒 horst

两个地貌性质相同，且走向大致平行，但倾向相反的断层之间的上升部分。

地理不利国 geographically disadvantaged state

因本身地理条件的限制不能拥有相应面积的国家管辖海域和充分行使海洋权利的沿海国家。如闭海或半闭海的沿岸国或不能主张有自己的专属经济区和大陆架的沿海国。1982 年《联合国海洋法公约》规定，地理不利国有权参与开发同一分区域或区域的其他沿海国专属经济区生物资源的适当剩余部分。公约还在一些方面使地理不利国处于同其他沿海国平等的地位或得到一定的照顾。

地裂缝 ground fracture

由于干旱、地下水位下降、地面下沉、地震构造运动或斜坡失稳等原因造成的地面沿一个或几个方向产生宽大裂缝的现象。

地幔 earth mantle

地球内部的中间圈层。体积占地球总体积的 83%，质量占地球总质量的 68.1%。位于莫霍面与古登堡面之间。

地貌 landform; topographic feature

地球表面（包括海底）的各种形态。由内营力和外营力相互作用而形成。

地貌单元 geomorphic unit

地貌按成因形态及发展过程划分的单位。按规模大小可分为若干等级，如山地可划分为一个较大的地貌单元，而山地河谷是山地中次一级的地貌单元。

地貌分类 geomorphic classification

根据地貌的成因和表面特征而划分的类别。地貌成因复杂，表面形态千差万别，因此形成的地貌多种多样。按形态划分，我们平时所说的山地、丘陵、高原、平原、盆地等即是几种最基本的地貌类型；按外营力划分，通常分为流水地貌、湖成地貌、干燥地貌、风成地貌、喀斯特地貌、冰川地貌、冰缘地貌、海岸地貌、丹霞地貌、雅丹地貌、岩溶地貌等；按内营力划分，有大地构造地貌、褶曲构造地貌、断层构造地貌、火山与熔岩流地貌等；按岩土组成划分，有黄土地貌、石灰岩地貌、花岗岩地貌等。

地貌景观 geomorphic landscape

成因上彼此相关的各种地表形态的总称。例如：喀斯特景观、山地景观、湖泊景观等，是土地类型划分的重要依据之一。

地貌类型 geomorphic types; geomorphological types

陆地表面形态特征的归类。指以成因和形态的差异，划分的不同地貌类别。同类型地貌具有相同或相近的特征，不同类型间有明显的特征差异。

地貌年龄 geomorphic age

地貌形成的年龄或时代。分相对年龄和绝对年龄（按地质年龄）两种，前者表示地貌形成的地史时期；后者表示地貌形成距今的年数。地貌相对年龄常结合地貌发育阶段来描述。

地貌形态 geomorphologic shape

地貌的外部形状。是用其长、宽、高或深以及坡度大小等参数来进行描述的。

地貌综合 cartographic generalization of relief

编绘地图时选取和概括地貌形态的编绘作业。目的是当比例缩小后，在较小的面积上仍能保持实地形态的基本特征和相应的精度。现代普通地图上多以等高线表示地貌，因此，对等高线图形的概括是地貌综合的主要内容。

地面沉降 land subsidence

由于大范围过量抽汲地下水（或油、气）引起水位（或油、气压）下降，土层进一步固结压密而造成的地面向下沉落。

地名信息 information of geographical names

反映地名及其属性的文字和数字信息的总称。

地球工程 geotechnology

通过人为对地球系统的物理、化学或生物特质反应过程等进行干预来应对气候变化，减少并有效管理气候变化带来的风险的工程项目。地球工程可大体分为两类，第一类是二氧化碳移除（CDR），即通过大规模的技术或者工程减少大气中的温室气体的含量，从而有效减少地球增温；第二类为太阳辐射管理（SRM），即通过工程技术减少地球大气中太阳辐射的吸收，从而抵消大气中温室气体导致的地球增温。

地球观测系统 Earth Observing System，EOS

主要由美国宇航局启动的用一系列低轨卫星对地球进行连续、综合观测的计划，目的在于加深对自然过程和人类活动相互影响的理解，确定全球变化的程度、原因和影响后果，增强人类预报未来全球变化的能力。

地区生产专业化 regional specialization of production

生产在空间上高度集中的表现形式，按照劳动地域分工规律，利用特定区域某类产业或产品生产的特殊有利条件，大规模集中地发展某个行业或某类产品，然后向区外输出，以求最大经济效益。

地区生产总值 gross regional product

所有常住单位在一定时期内生产活动的最终成果。计量单位：亿元。

地区形象 regional image

公众对某一地区的综合评价和总体印象。

地区形象塑造 regional image shaping

地区形象的科学的总结和设计，是将已经存在的地区特征归纳、总结出来，并设计出一个鲜明的表达方式，便于区内、区外公众对该区域的认识和了解。

地区主导产业 regional leading industry; regional key industry

以地区资源优势为基础，能够代表区域经济发展方向，并且在一定程度上能够支撑、主宰区域经济发展的产业。

地势 terrain; topography

地表高低起伏的状态或格局，也指地理上的形势。

地下径流 groundwater runoff

渗入地下成为地下水，并以泉水或渗透水的形式泄入河道的那部分降水。

地下卤水 underground brine

总矿化度大于 50.0 克/升的地下水。

地下水补给条件 condition of ground water recharge

地下水的补给源、补给方式、补给区面积及边界、补给量等。

地下水成矿作用 ore-forming process in groundwater

地下水中的成矿组分在适宜的水文地球化学环境中，在局部地段沉淀、富集形成矿床的过程。

地下水动态变化周期 fluctuation cycle of groundwater

地下水动态呈有规律循环变化的时间间隔。

地下水分水岭 groundwater divide

地下水流域的分界线。

地下水赋存条件 groundwater occurrence

地下水埋藏和分布、含水介质和含水构造等条件的总称。

地下水均衡 groundwater balance

某一地区（含水层）在一定时间段内，地下水的总补给量与总消耗量及地下水贮存量的变化量之间的数量对比关系。

地下水开采量调查 investigation of groundwater withdrawals

为了取得研究区内地下水实际开采量的数据，对城市、工业、农田灌溉等地下水实际开采量进行定期或不定期的调查和统计工作。

地下水埋藏深度 depth of groundwater table

从地表面至地下水潜水面或承压水面的垂直深度。

地下水排泄 groundwater discharge

地下水从含水层中以不同方式排泄于地表或另一个含水层中的过程。

地下水平均水位 average groundwater level

在某一观测时段内，地下水水位的平均值。

地下水水位变幅 amplitudes of groundwater level fluctuation

某一时间内地下水水位最大值与最小值的差值。

地下水水位下降速率 rate of groundwater level decline

单位时间内地下水水位（水头）下降值。

地下水水位统测 simultaneous measurement of groundwater level

对研究区内的井孔在同一时间进行水位测量，以便查明地下水水位的分布状况，编制此一时刻的地下水等水位线图和地下水埋藏深度图等。

地下水系统 groundwater system

具有水量、水质输入、运营和输出的地下水基本单元及其组合。

地下水信息系统 groundwater information system

地下水数据库、模型库、方法库组成，为用户提供地下水动态的全面综合信息的管理信息系统。

地下水质评价 evaluation of groundwater quality

根据不同目的和用途，对地下水的物理化学性质进行分析研究后，作出的评价。

地下水最低水位 lowest groundwater level

在某一观测时段内，地下水水位的最低值。

地下水最高水位 highest groundwater level

在某一观测时段内，地下水水位的最高值。

地下微咸水 weak mineralized groundwater

总矿化度在 1.0~3.0 克/升之间的地下水。

地下咸水 middle mineralized groundwater

总矿化度在 3.0~10.0 克/升之间的地下水。

地下盐水 salt groundwater

总矿化度在 10.0~50.0 克/升之间的地下水。

地形 terrain；landform；topography

地面起伏的形状。地形一般有平原、山地、丘陵、盆地、高原等。

地域合理规模 region reasonable scale

产业布局的地域合理规模，是以企业的合理规模为基础的。企业生产装置和设备的最佳组合，会使生产能力和产量大幅度增加，产品成本下降，从而带来大规模的节约效益，具有这种节约效益的企业在地域上的相互协作，又可以带来更大的规模效益，这种能够带来大规模节约效益的企业的某个地方聚集规模，我们称之为地域合理规模。

地质灾害 geological hazard

由于自然产生或人为诱发的对人民生命与财产安全、生活环境和国家建设事业造成危害或使人类生存与发展环境遭受破坏的地质现象。简言之，即地质作用造成的灾害。地质灾害按其发展过程可分为两类，一类为缓变性灾害，以较缓慢的作用过程对人类造成危害，如海水入侵、海岸侵蚀和地面沉降等；另一类为突发性灾害，骤然发作成灾，如滑坡、崩塌、泥石流、地震等。

地质资料 geological data

在地质工作中形成的文字、图表、声像、电磁介质等形式的原始地质资料、成果地质资料和岩矿芯、各类标本、光薄片、样品等实物地质资料。

地中海 inner waters；inland waters

又称"内水"、"封闭海"、"内陆海"、"内海"。参见内水。

地中海 Mediterranean Sea

位于欧、亚、非三大洲之间，世界上最大的陆间海，大西洋的附属海。

地转流 geostrophic current；geostrophic flow

〈海洋科技〉水平压强梯度力和科氏力平衡条件下的海流。

〈大气科学〉海洋学中与海水水平压强梯度相联系的一种海流。

第二产业增加值 added value of secondary industry

第二产业（采矿业，制造业，电力、煤气及水的生产和供应业，建筑业）常住单位生产过程创造的新增价值和固定资产的转移价值。计量单位：万元。

第三产业增加值 added value of tertiary industry

第三产业（除第一、二产业以外的其他行业）常住单位生产过程创造的新增价值和固定资产的转移价值。计量单位：万元。

第一产业增加值 added value of primary industry

第一产业（农、林、牧、渔业）常住单位生产过程创造的新增价值和固定资产的转移价值。计量单位：万元。

点礁 patch reef

一种呈土墩状或平顶状的珊瑚礁，跨度小于 1 千米。

电缆管道用海 sea area use for cable conduit

埋（架）设海底通讯光（电）缆、电力电缆、深海排污管道、输水管道及输送其他物质的管状设施等所使用的海域，不包括油气开采输油管道所使用的海域。用海方式为海底电缆管道。

电力工业用海 sea area use for electric power industry

电力生产所使用的海域，包括电厂、核电站、风电场、潮汐及波浪发电站等的厂区、码头、引桥、平台、港池（含开敞式码头前沿船舶靠泊和回旋水域）、堤坝、风机座墩和塔架、水下发电设施、取排水口、蓄水池、沉淀池及温排水区等所使用的海域。

电生产量 electricity production

一定时期内一次电力生产量的总和。计量单位：万千瓦·小时。

钓鱼岛 Diaoyu Islands

钓鱼岛列岛位于台湾基隆市东北约 92 海里的东海海域，主要由钓鱼岛、黄尾屿、赤尾屿、南小岛和北小岛及一些礁石组成，总面积约 6.3 平方公里，战略位置重要，海底石油、矿产、渔业资源丰富。自古以来，中国对钓鱼岛及其附近海域拥有无可争辩的主权。甲午中日战争之后，钓鱼岛被日本从清政府手中抢走，1945 年日本战败后，钓鱼岛由美国监管，1972 年美国又将钓鱼岛移交给日本。此后，钓鱼岛风波就一浪高过一浪，成为中、美、日及中国台湾省所关注的焦点。

东北亚海洋观测系统 North-East Asian Regional-Global Ocean Observation System，NEAR – GOOS

继海委会 1993 年召开的第十七次大会决定正式发起 GOOS 之后，中国、日本、韩国、俄罗斯等国于 1994 年率先发起东北亚海洋观测系统（NEAR – GOOS），作为国际 GOOS 的一部分。迄今为止，召开过五次 NEAR – GOOS 专家、区域会议，其中日本已建立了 NEAR – GOOS 实时资料传输中心和延时资料中心。中国国家海洋信息中心也已建立了延时资料中心，有关资料可通过互联网（Internet）交换。NEAR – GOOS 已成为海委会 GOOS 计划中较活跃的区域 GOOS 计划之一。

东海 East China Sea

又称"东中国海"，"西太平洋边缘海"。位于中国大陆与日本九州岛、琉球群岛和中国台湾岛之间。面积约 77 万平方千米，最大深度（冲绳海槽南部）2.719 千米，平均深度 0.38 千米。

东京宣言 Tokyo Declaration

1987 年 2 月 27 日，联合国环境与发展委员会在东京发表的宣言。其正式提出了代表全人类集体智慧的"可持续发展"概念，旨在控制和减缓人类污染环境的速度。

东沙群岛 Dongsha Islands

东沙群岛位居中国广东、海南岛、台湾岛及菲律宾吕宋岛的中间位置，是中国南海诸岛中位置最北的一组群岛，主要由东沙岛、东沙礁（环礁）、南卫滩（暗礁）和北卫滩（暗礁）所组成，附近海区还有不少暗沙和暗礁。属热带地区，终年高温。

东中国海 East China Sea

又称"东海"，"西太平洋边缘海"。参见东海。

动力海洋学 dynamical oceanography

研究海水运动的动力过程及其变化规律的学科。

断层海岸 fault coast

由断裂构造组成，海岸线延伸总方向与断层线走向相一致的海岸。沿断层面抬升的地块多呈悬崖峭壁，下滑的为陡深的海洋。

断裂带 fracture zone

由一系列垂直于大洋中脊的陡峭谷壁或不对称山脊、沟槽、陡崖等不规则实体构成，向外延伸呈线状排列的地带。

堆积岛 accumulated island; deposition island

在河口区及海岸带中由于河流、潮流和波浪的堆积作用而形成的岛屿。

对流混合 convective mixing

海水在垂直方向上做相向运动造成不同水层的海水混合现象。

对马海峡 Tsushima Channel

位于日本对马岛与九州、本州岛之间沟通日本海和黄海的重要通道。

多金属结核 polymetallic nodule

又称"锰结核"（manganese nodule），自生于海底表层沉积物中的呈结核状的铁锰氢氧化物和氧化物矿床。

多态现象 polymorphism

同种生物的个体对某些形态、性质等所表现的多样性状态。

多湾海岸 embayed coast

又称"港湾海岸"，参见港湾海岸。

多元化 pluralism

多元化即多元共存，指系统中不同组分依靠其自身竞争力，与其他组分积极和动态的共存，促进某种接触和参与机制的建立。

E

《21 世纪议程》 Agenda of 21st Century

1992 年 6 月 3 日至 14 日在巴西里约热内卢召开的"联合国环境与发展大会"通过的重要文件之一，是"世界范围内可持续发展行动计划"，它是从缔约期至 21 世纪在全球范围内各国政府、联合国组织、发展机构、非政府组织和独立团体在人类活动对环境产生影响的各个方面的综合行动蓝图。

厄尔尼诺 El Nio

赤道东太平洋冷水域中海温异常升高现象。这种周期性的海洋事件产生的异常热量进入大气后将会影响全球气候。

鄂霍茨克海 Sea of Okhotsk

位于亚洲大陆、萨哈林岛与千岛群岛、北海道岛之间，太平洋西北部的边缘海。

恩格尔系数 Engel coefficient

食物支出与消费品支出的比值。随着人们收入水平的不断提高，食物支出在总消费支出中的比重不断下降，故恩格尔系数与人们的收入水平成反比。

二元经济结构 dual economic structure

社会内部传统经济部门和现代经济部门、经济不发达部分和经济发达部分同时并存，共同构成的经济整体。

F

发展危机 development crisis

又称"无发展的经济增长"。一般指发展中国家经济建设中的一种仅有产量的增加而无结构上变化的不健康的经济增长现象或增长方式。

法定货币 fiat money

没有内在价值、由政府法令确定作为通货使用的货币。

法定准备金 reserve requirement

商业银行按照法律规定必须存在中央银行里的自身所吸收存款的一个最低限度的准备金。

反渗透法 reverse osmosis method; reverse osmosis process

在膜的原水一侧施加比溶液渗透压高的外界压力，原水透过半透膜时，只允许水透过，其他物质不能透过而被截留在膜表面的过程。

泛大陆 Pangaea

又称"联合古陆"。假定于古生代晚期和中生代早期，曾存在一个集地球上所有大陆为一体并被原始大洋围绕着的超级大陆。

泛大洋 panthalassa

古生代晚期至中生代早期，围绕泛大陆的原始大洋。

防波堤 breakwaters

建在港口水域或其某部分外围，阻挡波浪直接侵入港内，使港内水面相对平静、船舶能安全靠泊和装卸的建筑物。

非功能聚集 non – functional aggregation

工业基础设施、文教卫生等服务功能以及人才、信息等方面的聚集。

非结构化问题 unstructured question

又称"定义不完善的问题"、"劣构问题"，难以用确定的形式来描述，其求解过程和求解方法没有固定的规律可以遵循，主要根据人的经验求解的问题。

非均衡发展战略 unbalanced development strategy

立足于资源禀赋与配置的差异性，通过将有限的资源首先投向效益较高的区域和产业，以获得区域经济的高速增长，并带动其他区域、其他产业的发展的战略。

非均衡增长 non-equilibrium growth

以经济中存在的非均衡现象作为前提，增长的结果可以强化或削弱各种非均衡现象，但不可能使社会总供给和社会总需求在经济增长中达到完全均衡，意味着实际的增长量与实际增加的生产能力处于不均衡状态。

非透水构筑物用海 sea area use for non-permeable structures

采用非透水方式构筑不形成围填海事实或有效岸线的码头、突堤、引堤、防波堤、路基等构筑物的用海方式。

非线性 non-linearity

量与量之间不按比例、不成直线的关系，代表不规则的运动和突变。

菲利普斯曲线 Phillips curve

以横轴表示失业率、纵轴表示货币工资增长率的坐标系中，画出一条向右下方倾斜的曲线，这就是最初的菲利普斯曲线。曲线表明，当失业率较低时，货币工资增长率较高；反之，当失业率较高时，货币工资增长率低，甚至为负数。

废弃物处置填海造地用海 sea area use for salvaged material by sea reclamation

通过筑堤围割海域，用于处置工业废渣、城市建筑垃圾、生活垃圾及疏浚物等废弃物，并最终形成土地的海域。

废水及其他污染物排海工程建筑 waste water and other pollutants discharged ocean engineering building

入海口处的城市污水排海工程和其他向海域排放污染物的建设工程的施工活动。

费雪效应 Fisher effect

名义利率对通货膨胀率所进行的一对一的调整。名义利率、实际利率与通货膨胀率三者之间的关系是：名义利率＝实际利率＋通货膨胀率。

分形 fractal

局部和整体以某种方式相似的集合，具有以非整数维形式充填空间的形态特征。

分形企业 fractal enterprise

借用分形理论中的自相似概念描述的一种新的生产方式。分形企业的自相似性包括：（1）企业组织结构的自相似，即以过程为中心建立企业的组织。（2）目标自相似，即单元的目标与企业的目标一致。

分形体 fractal particle

具有分形特征的系统。

分形维数 fractal dimension

描述分形的特征量。通常欧几里德几何中，直线或曲线是 1 维的，平面或球面是 2 维的，具有长、宽、高的形体是 3 维的；然而对于分形如海岸线、科赫曲线、谢尔宾斯基海绵等的复杂性无法用维数 1、2、3 这样的整数来描述，因而用分数维来做为复杂形体不规则性的量度。

分形元 fractal unit

从分形整体中划分出来的具有相对独立性的基本单位，包含未来整体的基本信息与素质，由它可以发育成分形整体。

风暴潮 storm tsunami

又称"气象海啸"、"风暴增水"。热带气旋、温带气旋和冷锋过境的强风作用以及气压骤变等天气系统，引起海面升降的异常现象。

风暴增水 storm surge

又称"风暴潮"、"气象海啸"，参见风暴潮。

风化作用 aeolation；weathering

地表岩石与矿物在太阳辐射、大气、水和生物参与下理化性质发生变化，颗粒细化，矿物成分改变，从而形成新物质的过程。

风浪 wind wave

海面在风力直接作用下产生的波动现象。

风能 wind energy

地球表面空气流动所形成的动能。风能是太阳能的一种转化形式，风速愈大，它具有的能量愈大。

风区 fetch

受状态相同的风持续作用的海域范围。

风生海洋噪声 wind-generated noise

由于风对海面作用产生的噪声。

风时 wind duration

状态相同的风持续作用于海面的时间。

风蚀 corrosion; wind erosion

风对沙、尘的吹扬造成的吹蚀作用，以及风吹沙尘对地面产生的磨蚀作用。是土壤侵蚀的一种重要形式。

风险规避 risk aversion

又称"风险厌恶"，参见风险厌恶。

风险厌恶 risk aversion

又称"风险规避"，指投资者对投资风险反感的态度，即在降低风险的成本与收益的权益过程中，厌恶风险的人们在相同的成本下更倾向于作出低风险的选择。

封闭海 inner waters; inland waters

又称"内水"、"内陆海"、"地中海"、"内海"。参见内水。

封闭经济 closed economy

与开放经济相对，是指没有和外部发生经济联系的经济。在经济学意义上是指一国在经济活动中没有与国外的经济往来，如没有国际贸易或国际金融、劳动力的交流等。

浮游生物 plankton

缺乏发达的运动器官，没有或仅有微弱的运动能力，悬浮在水层中，常随水流移动的生物。包括浮游植物和浮游动物两大类。

浮游生物学 planktology; planktonology

研究浮游生物的生命现象和活动规律的科学。浮游生物学一方面研究浮游生物的形态构造、系统分类、化学组成和生命活动等生物学内容；另一方面也涉及浮游生物在时间空间上的种类组成和数量变动与海洋水文、地质、物理、化学等海洋环境的相互关系。

俯冲带 subduction zone

大洋板块与大陆板块相汇时，密度较大的大洋板块岩石，俯冲于大陆板块之下的部分。

负债合计 total liability

企业所承担的能以货币计量，将以资产或劳务偿付的债务，偿还形式包括货币、资产或提供劳务。负债一般按偿还期长短分为流动负债和长期负债。计量单位：万元。

复混肥料制造 complex fertilizer manufacturing

利用钾、镁等海洋化工产品，制造复混肥料的生产活动。

复利 compounding

由本金和前一个利息期内应记利息共同产生的利息。

复杂适应系统理论 complex adaptive system，CAS

美国圣塔菲研究所的工作，其宗旨是开展跨学科、跨领域的复杂性研究。复杂适应系统的基本思想可概括为：将系统的组成元素统称为主体，并强调主体是具有主动性、适应性的"活"的实体。所谓主体具有适应性，就是指它能够与环境以及其他主体进行持续不断的交互作用，从中不断地"学习"或"积累经验"，并且能够利用所学到的知识经验改变自身的结构和行为方式，以适应环境的变化以及与其他主体协调一致，并能促进整个系统的发展、演化或进化。该理论认为系统的复杂性来源于适应性。

复杂网络 complex network

由数量巨大的广义结点和连线共同构成的网络结构，其中结点表示系统元素，结点间的连线表示元素间错综复杂的相互作用。

复杂系统 complex system

具有变量来自不同标度层次的结构，或由大量相互之间有差别的单元构成的动态系统。通常表现出复杂性，但也可能出现简单性。

复杂系统论 complex system theory

研究复杂系统中各组成部分之间相互作用所涌现出复杂行为、特性与规律的科学。

G

干出滩 dry shoal

海岸线与干出线（0米等深线）之间的潮浸地带。高潮时淹没，低潮时露出。

干流 main stream

又称"主流"，直接流入海洋或内陆湖泊的河流，通常由若干条支流汇集而成。

干扰 disturbance

在不同空间和时间尺度上偶然发生的、不可预知的自然事件，它直接影响着生态系统的演变过程并具有破坏性。

干涉 interference

海洋上频率相同或相近的波叠加后，产生振幅异常变化的现象。

感应度系数 degree of perception coefficient

国民经济各部门每增加一个单位最终使用时，某一部门由此而受到的需求感应程度，也就是需要该部门为其他部门生产而提供的产出量。

港口 harbor；port

具有船舶进出、停泊、靠泊，旅客上下，货物装卸、驳运、储存等功能，具有相应的码头设施，由一定范围的水域和陆域组成的区域。港口可以由一个或者多个港区组成。

港口布局规划 port layout plans

港口的分布规划，包括全国港口布局规划和省、自治区、直辖市港口布局规划。

港口工程 port and harbour works

兴建、扩建或改建港口的建筑物的工程活动及相关设施。

港口规划 port and harbour planning

对港口不同时期客货吞吐量的预测及相应拟定的建设规模、设施布置和分期建设安排等。

港口航运区 port shipping area

为满足船舶安全航行、停靠，进行装卸作业或避风所划定的海域，包括港口、航道和锚地。

港口用海 sea area use for port

供船舶停靠、进行装卸作业、避风和调动等所使用的海域，包括港口码头（含开敞式的货运和客运码头）、引桥、平台、港池（含开敞式码头前沿船舶靠泊和回旋水域）、堤坝及堆场等所使用的海域。

港口资源 port resources

港口及其周边的海岸、海湾、河岸、岛屿等可供建设与发展的天然资源。

港口总体规划 port general plans

一个港口在一定时期的具体规划，包括港口的水域和陆域范围、港区划分、吞吐量和到港船型、港口的性质和功能、水域和陆域使用、港口设施建设岸线使用、建设用地配置以及分期建设序列等内容。港口总体规划应当符合港口布局规划。

港湾海岸 embayed coast

又称"多湾海岸"，原生海岸下沉海岸类型之一，指岬角与海湾交错分布的海岸，岸线曲折。

港湾养殖 bay culture

利用港、湾或在海边、河口附近的滩涂、洼地拦闸筑堤，围成一定的水面，养殖海水经济动、植物的生产活动。

港务船只调度 harbor craft scheduling

保证海港正常运行对港务船只的调度与管理活动。

高低潮间隙 high and low lunitidal interval

海洋某点从月中天时刻到该点出现高低潮时的时间间隔。

高建设性三角洲 highly constructive deltas

在河流作用强于海洋作用的地区形成的高增长的三角洲。按三角洲扩展方式和滨线形态的不同，高建设性三角洲可以分为鸟足状三角洲和扇形三角洲。前者如美国的密西西比河三角洲，后者如中国的黄河三角洲。

高科技园区 high-tech park

又称"科技工业园"、"科学城"、"高新技术园区"。一般依托名牌大学或科研机构，在一定区域内创造良好的条件，吸引教授、学者和研究人员兴办高技术企业，将科研成果直接转化为进入市场的产品，以获得良好的经济效益。

高能海岸 high-energy coast

平均破波高度大于 50 厘米的高波能海岸。此类海岸外形开敞，经常性地暴露于强而稳定的地带风和锋面下，接受高波浪能量作用。

高破坏性三角洲 high destructional delta

在海洋作用强于河流作用的地区，河流入海的泥沙很快被波浪或潮汐作用控制，三角洲前缘沉积厚度较小，有海滩沙脊及潮道沉积。此类生长速度较慢的三角洲称为高破坏性三角洲。按海洋作用的相对重要性，高破坏性三角洲又分为浪控三角洲和潮控三角洲。

哥本哈根世界气候大会 World Climate Conference in Copenhagen

哥本哈根世界气候大会全称《联合国气候变化框架公约》第 15 次缔约方会议暨《京都议定书》第 5 次缔约方会议，于 2009 年 12 月 7 – 18 日在丹麦首都哥本哈根召开，来自 192 个国家的谈判代表召开峰会，共同商讨《京都议定书》一期承诺到期后的后续方案，即 2012 年至 2020 年的全球减排协议。

根定义 root definition

运用某种思想观点来得到对系统根本性质的清楚简洁的描述。

工程用海区 sea area use for engineering construction

为满足工程建设项目用海需要划定的海域，包括占用水面、水体、海床或底土的工程建设项目。

工会 union

与雇主就工资、津贴和工作条件进行谈判的工人协会。

工贸使用 industrial trade cooperation

又称"工业贸易合作"，参见工业贸易合作。

工业贸易合作 industrial trade cooperation

又称"工贸使用"，它包括合作双方在制造业领域的生产合作和加工贸易合作两个方面。

工业生态园 eco-industrial park

依据循环经济理论和工业生态学原理而设计成的一种新型工业组织形态，是生态工业的聚集场所。遵从循环经济减量化、再使用、再循环原则，模拟自然生态系统建立工业系统"生产者—消费者—分解者"的循环途径和食物链网，采用废物交换、清洁生产等手段，使一个企业产生的副产品或废物可用作另一个工厂的投入或原材料，实现物质闭环流动和能量多级开发利用，从而形成一个相互依存、类似自然生态系统食物链过程的工业生态系统，以寻求一种社会经济、环境和人类的需求三者之间的平衡。

工业用海 sea area use for industry

开展工业生产所使用的海域。

工业用水淡水制造 fresh water manufacturing for industrial water use

利用各种淡化技术将海水处理为工业专用水的生产活动。

工业总产值 gross value of industrial output

工业企业在本年内生产的以货币形式表现的工业最终产品和提供工业劳务活动的总价值量。计量单位：亿元。

公共储蓄 public saving

政府在支付其支出后剩下的税收收入。

公共投资政策 public investment policy

区域经济发展政策的重要组成部分，是为促进区域间经济的均衡发展而制定的对交通、通信、供电、供水、教育、文化落后的区域给予特别支持，避免在这些领域差距悬殊的政策。

公共资源 common resources

地球上存在的，不可能划定所有权或尚未划定所有权从而任何人都可以利用的自然资源。

公海 high sea

沿海国内水、领海、专属经济区和群岛国的群岛水域以外不受任何国家主权管辖和支配的全部海域。

公海干预 intervention on the high sea

沿海国在公海上采取必要措施，防止或减轻公海上发生严重污染事故对其海岸和水域污染损害的权利。

公海自由 freedom of the high sea

公海不属于任何国家，所有国家均能平等地共同使用，是公海法律制度的基础。公海自由包括航行自由、捕鱼自由、铺设海底电缆和管道自由、飞越自由、建造人工岛屿和其他设施自由以及科学研究自由，但各国行使这些自由时必须顾及其他国家行使公海自由的利益以及其他有关国际公约规定的权利。

公平原则 the equitable principle

沿海国家在相互间划定大陆架界限时应遵守的基本原则。

功能 function

自然或社会事务对人类生存和社会发展具有的价值与作用。

功能聚集 functional aggregation

通过扩大生产规模，增加生产能力或企业个数，相互采取聚集联合化与专业化方式，形成分工协作，达到效益最优，在区域内相互联系的生产聚集。

供给 supply

生产者在一定时期内在各种可能的价格下愿意并且能够提供出售的该种商品的数量。

供给表 supply schedule

表示某种商品的各种价格和与各种价格相对应的该商品的供给数量之间关系的数字序列表。

供给冲击 supply shock

直接改变企业的成本和价格，使经济中的总供给曲线移动，进而使菲利普斯曲线移动的事件。

共同基金 mutual fund

向公众出售股份，并用收入来购买股票与债券资产组合的机构。

共享资源 common shared resources

栖息于 2 个以上沿海国专属经济区及公海中的生物资源。

沟弧盆地 trench-arc-basin system

海沟－岛弧－弧后盆地系统的简称，由大洋板块向大陆板块俯冲形成的海沟、岛弧和弧后盆地等具有生成联系的构造地貌体系，如西太平洋近亚洲大陆边缘带。

构造地貌 structural landform

地质构造和地壳构造运动所形成的地貌。

构造盆地 structural basin; tectonic basin

由地质构造作用形成的盆地。包括由岩层倾向中心而形成的近似圆形或椭圆形的盆地和地壳构造运动例如凹陷或断陷作用形成的盆地。

购买力平价 purchasing – power parity

又称"一价定律"（law of one price），经济学的一个著名假说，该定律说明同样的产品在同一时间在不同地点不能以不同的价格出售。一价定律运用于国际市场则被称为购买力平价。其原因一是由于净出口曲线是平坦的，所以储蓄或投资的变动并不影响实际或名义汇率；二是由于实际汇率是固定的，所以名义汇率的所有变动都产生于物价水平的变动。

古海洋学 paleoceanography

研究地质历史时期海洋环境和事件及其演变的学科。

固定冰 fast ice

与海岸、岛屿或海底部分冻结在一起的冰。

固定资产投资额 investment volume of fixed assets

以货币表现的建造和购置固定资产活动的工作量，它是反映固定资产投资规模、速度、比例关系和使用方向的综合性指标。全社会固定资产投资按经济类型可分为国有、集体、个体、联营、股份制、外商、港澳台商、其他等。按照管理渠道，全社会固定资产投资总额分为基本建设、更新改造、房地产开发投资和其他固定资产投资四个部分。计量单位：亿元。

固定资产原价 original value of fixed assets

企业在购置、自行建造、安装、改建、扩建、技术改造某项固定资产时所支出的全部支出总额。计量单位：万元。

固定资产折旧 depreciation of fixed assets

对固定资产由于磨损和损耗而转移到产品中去的那一部分价值的补偿。一般根据固定资产原价（选用双倍余额递减法计提折旧的企业，为固定资产账面净值）和确定的折旧率计算。"累计折旧"：指企业在报告期末提取的历年固定资产折旧累计数。"本年折旧"：指企业在报告期内提取的固定资产折旧合计数。计量单位：万元。

固体矿产开采用海 sea area use for solid mineral mining

开采海砂及其他固体矿产资源所使用的海域，包括海上以及通过陆地挖至海底进行固体矿产开采所使用的海域。

关键种 keystone species

食物网中处于关键环节起到控制作用的物种。

规划区 planning area

城市、镇和村庄的建成区以及因城乡建设和发展需要，必须实行规划控制的区域。

规模经济 economies of scale

由于生产专业化水平的提高等原因，使企业的单位成本下降，从而形成企业的长期平均成本随着产量的增加而递减的经济。

规则网络 regular lattices

网络中每个节点具有相同的度和簇系数。最常见的规则网络是由 N 个节点组成的环状网络，网络中每个节点只与它最近的 K 个节点连接。

国防用途海岛 sea islands use for national defense

用于维护国防安全目的的岛屿。

国际标准集装箱吞吐量 throughput of the international standard containers

经由水路进、出沿海港区范围并经过装卸的集装箱数量。计量单位：万 TEU、万吨。（"TEU"是"折合 20 英尺标准箱"的英文缩写语，下同。）

国际标准集装箱运量 volume of the international standard containers

港口船舶实际运送的集装箱数量。计量单位：万 TEU、万吨。

国际捕鲸委员会 International Whaling Commission, IWC

1946 年 12 月 2 日根据《国际捕鲸公约》在华盛顿成立，其宗旨和任务是：调查鲸的数量；制定捕捞和保护太平洋鲸藏量的措施，如确定鲸的保护品种和非保护品种、开放期和禁捕期、开放水域和禁捕水域、捕捞时间和工具等；对捕鲸业进行严格的国际监督。

国际海底管理局 International Seabed Authority

根据 1982 年《联合国海洋法公约》，于 1994 年成立的管理国际海底区域资源的组织。《联合国海洋法公约》缔约国都是该管理局的成员，主要机构有大会、理事会、秘书处和企业部。

国际海底区域 international seafloor

国家管辖范围以外的海床和洋底及底土，即各国专属经济区和大陆架以外的深海海底及其底土。

国际海底资源 resources of international seabed area

分布在国家管辖范围以外海床和洋底及其底土上的、可以被人类利用的物质、能量和空间。

国际海里 international nautical mile

又称"海里"，参见海里。

国际海事组织 International Maritime Organization，IMO

1959 年 1 月 13 日成立的政府间海事协商组织，1982 年 5 月 22 日改名国际海事组织。总部设在伦敦，是联合国处理海上安全事务和发展海运技术方面的专门机构之一。其宗旨和任务是促进海上安全、提高船舶航行效率、防止和控制船舶对海洋污染等以及处理与上述事项有关的法律问题。

国际海洋法 International Law of the Sea

关于各种海洋区域的法律制度，调整国家之间在开发、利用和管理海洋方面相互关系的原则与规则的总称。既具有国际法的一般特征，又具有与国际法中的其他部门法不同的特殊概念和法律制度。

国际海洋物理科学协会 International Association for the Physical Science of the Ocean，IAPSO

国际大地测量学和地球物理学联合会（IUGG）下属的一个协会，前身为 1931 年成立的国际物理海洋学协会（IAPO），1967 年改用现名，协会下设海洋地球物理学、海洋化学、物理海洋、潮汐与平均海平面等委员会，中国是其成员国之一。

国际航运协会 International Chamber of Shipping

国际性民间航运组织，其宗旨是维护在自由贸易原则基础上经营船队的各国船舶所有人的权益。成立于 1921 年，会址设在伦敦。

国际河流 international rivers

又称为"国际水道"，同公海相通、流经两个或两个以上国家并经沿岸国协议对各国商船开放的河流。广义上包括所有流经两个或几个国家领土的河流，即包括界河和多国河流在内；狭义上则专指特殊一类的河流，指流经几个国家而可航到公海并由各国商船在平时自由航行的河流。

国际水道 international rivers

又称为"国际河流"，参见国际河流。

国民储蓄 national saving

是国民可支配总收入减去最终消费支出后的差额，它衡量一个国家在不举借外债的情况下，可用于投资的最大资金量。国民储蓄包括政府储蓄、企业储蓄和居民储蓄三个组成部分。

H

海 sea

地球表面上相连接的广大咸水水体被陆地、岛礁、半岛包围或分隔的边缘部分。可分为边缘海、陆间海和陆内海三种类型。

海岸 seacoast；coast

自多年平均低潮线向陆到达波浪作用上界之间的狭长地带。

海岸带 coastal zone

海洋与陆地相互作用的地带。现代海岸带包括现代海水运动对于海岸作用的最上限及其邻近的陆地，以及海水对于潮下带岸坡剖面冲淤变化所影响的范围，其宽度的界限高无统一标准，随海岸地貌形态和研究领域不同而异。

海岸带地质灾害 coastal geohazard

在海岸带（包括海岛）及其近邻区域由自然地质过程或人为作用造成的灾害性地质事件。本标准主要指海岸侵蚀（淤积）、海水入侵、崩塌、滑坡（含海底滑坡）、泥石流、地面沉降、地面塌陷、地裂缝、地震、砂土液化、土地盐渍化、浅层气、海底活动沙丘（波）、海底潮流砂脊和海平面变化等。

海岸带资源 coastal zone resources；resources of the coastal zone

分布在海陆相互作用地区的、可以被人类利用的物质、能量和空间。

海岸地貌 coastal morphology；coastal landform

由波浪、潮汐和沿岸流作用于海岸带陆地而形成的地形起伏。分为由海蚀作用形成的海蚀地貌和由海积作用形成的海积地貌。

海岸防护 coastal protection

采取的各种工程措施来保护沿岸城镇、农田、湿地及滨海浴场等不受风暴潮的侵袭和破坏，称为海岸防护。海岸在波浪、潮汐、潮流等动力因素作用下，易受冲刷、剥蚀，引起岸线后退，危及岸滩的稳定和海岸建筑物的安全。一般较常见的护岸建筑物有潜堤、防波堤、丁坝、顺坝、挡浪墙、堤坝，也可采用生物促淤和人工补沙方法进行海岸防护。

海岸防护工程用海 sea area use for coast protection engineering

防范海浪、沿岸流的侵蚀及台风、气旋和寒潮大风等自然灾害的侵袭，建造海岸防护工程所使用的海域。

海岸工程 coastal engineering

为海岸资源开发利用，针对各种海岸环境所采取的措施及构建的相应的建筑物。

海岸工程建设项目 coastal construction projects

位于海岸或者与海岸连接，工程主体位于海岸线向陆一侧，对海洋环境产生影响的新建、改建、扩建工程项目。

海岸滑坡 coast landslide

由于水力淘蚀或人工开采海岸基部造成的海岸上部滑塌的现象。

海岸界点 intersection of coastal boundary

陆域县级行政区域界线向海一侧最靠近海岸的界点或其延长线与海岸线的交点。

海岸平原 coastal plain

又称"沿海平原"，指沿海地壳上升或海面下降出露的平原，具有地表平坦、向海微倾、沉积物层理清晰的特点。

海岸侵蚀 coastal erosion

由自然因素、人为因素或者两种因素叠加而引起的海岸线位置的后退，潮间带下蚀、变窄、变陡以及水下岸坡下蚀。

海岸侵蚀速率 rate of coastal erosion

单位时间内海岸线位置后退的幅度或潮间带和水下岸坡下蚀的幅度。在某些地区，海岸线可以海图零米等深线或其他等深线代替，但等深线的选取不能超过海图 20 米水深的范围。

海岸沙丘 coastal dune

风力吹扬作用下，海岸砂积成的呈波状起伏的砂质堆积体。

海岸线 coastal line

海陆分界线，在我国系指多年大潮平均高潮位时的海陆分界线。

海岸效应 coastal effect; effect of seaboard

海岸和岛屿对海洋大地电磁测量产生的影响。

海岸夜雾 coastal night fog

海岸附近夜间发生的雾。

海岸沼泽 coastal marsh

生长着高等水生植物的滨海湿地，有盐沼和红树林沼泽两种类型。

海岸主体走向 advance of coast

通过起始点的海岸整体延伸方向。

海岸走向 direction of seashore

海岸延伸的方向，影响海岸走向的主要因素包括自然海岸地形、海水的冲刷、人造工程等。

海坝 bay barrier

海湾区的沙坝。波浪进入海湾发生折射引起能量降低，也使泥沙流容量降低而形成的堆积体。

海边地区腐蚀 seaside corrosion

海水对陆地作用地带的环境腐蚀。分为：（1）水下岸坡区；（2）潮差区；（3）海岸区—海岸线以上狭窄的近海的陆地地区，由于该地区的光线充足，湿度高而且含有海盐粒子，因此腐蚀较为严重。

海滨 shore；seashore

从低潮线向上直至波浪所能作用到的陆上最远处之间的海岸范围。包括前滨和后滨。

海滨地热开采 exploitation of coastal geothermal

对海滨地热资源的开采活动，如海底热泉。

海滨地热资源勘查 exploration of coastal geothermal resources

海滨地热资源的地质勘查活动。

海滨贵金属矿采选 deposit mining of coastal precious metal

对海滨地区金矿、银矿及其他贵金属矿的采选活动。

海滨贵重非金属矿采选 deposit mining of coastal precious non-metals

对海滨地区贵重宝石及其他非金属矿的采选活动。

海滨和深海矿产地质勘查 geology exploration for coastal and abyssal mineral deposits

海滨和深海矿产的地质勘查活动。

海滨黑色金属矿采选 deposit mining of coastal ironstone

对滨海地区铁矿石的采选活动。

海滨建筑用砂、砾石开采 deposit mining of coastal sand and gravel for construction

对海滨地区石灰石、建筑装饰用石、耐火土石的开采活动。

海滨煤矿开采 mining of coastal coal

对海滨烟煤和无烟煤、褐煤及其他煤炭的开采活动。

海滨砂矿业管理 management of coastal sand mining

有关行业社会团体对海滨砂矿业相关事务的管理活动。

海滨稀有稀土金属矿采选 deposit mining of coastal rare earth metal

对海滨地区镧系金属及与镧系金属性质相近的金属矿的采选活动。

海滨有色金属矿采选 deposit mining of coastal nonferrous metal

对海滨地区的铜矿、铅锌矿、镍钴矿、锡矿、镁矿及其他有色金属矿的采选活动。

海滨浴场服务 bathing beach services

为海上游泳场所提供的服务活动。

海冰 sea ice

海水冻结而成的咸水冰。广义指海洋上所有的冰，包括咸水冰、河冰、冰山等。

海冰学 marine cryology

研究海洋中冰、雪的生消过程、分布、运动、类型及其物理、化学性质的学科。

海冰遥控 sea ice remote sensing

通过遥感器对海冰进行观测，提取海冰的类型、厚度、温度、密度及其分布等参数的技术。

海冰灾害 sea ice disaster

海水结冰而造成的海洋灾害。海冰破坏力尤其是流冰的破坏力相当惊人，对航行船舶和海洋资源开发设施以及人员安全都构成极大威胁。

海槽 trough

一般比海沟浅而小，两侧边坡较缓，剖面呈 U 字形的长椭圆状深海凹地。

海潮流 marine tidal current

海水的潮流和海流。潮流是因天体引力引起的潮汐产生的，海流是由季节风、海水密度和地球自转等因素产生的。

海床 seabed

海洋底土上面的沙、岩礁、淤泥或其他物质上部的表层，既可以是领海、群岛水域、专属经济区、大陆架、公海，也可以是"区域"。

海带 laminaria japonica

又称"昆布"。褐藻门，海带科。藻体褐色，扁平呈带状，最长可达 7 米，基部有固着器树状分枝，用以附着海底岩石，在船舶船底也常见附着，生长于水温较低的海中。

海岛 island

四面环（海）水并在高潮时高于水面的自然形成的陆地区域，包括有居民海岛和无居民海岛。

海岛保护 island protection

海岛及其周边海域生态系统保护，无居民海岛自然资源保护和特殊用途海岛保护。

海岛保护专项资金 island protection special fund

用于海岛的保护、生态修复和科学研究活动的专项基金。

海岛淡水资源量 amount of island freshwater resources

报告期内海岛淡水资源的总量，包括地表水和地下水。计量单位：立方米。

海岛及其周边海域生态系统 the ecosystems of offshore islands and their surrounding waters

由维持海岛存在的岛体、海岸线、沙滩、植被、淡水和周边海域等生物群落和非生物环境组成的有机复合体。

海岛景观 sea-land landscape

在海岛上具有观赏价值的自然景色和人工景物。

海岛面积 sea island area

单个海岛的土地面积。海岛是指一切有经济活动的海岛，包括有居民海岛和无居民海岛。计量单位：平方千米。

海岛生态评估 sea-land ecological assessment

对海岛生态系统现状、人类活动已经或可能对海岛生态造成的影响或损害以及受损害海岛的生态修复进行生态识别和评估。

海岛生态系统 sea-land ecosystem

可分为海岛自然生态系统和海岛自然－经济－社会复合生态系统。前者指海岛及其周围海域的生物群落和非生物环境共同构成的生态系统，后者指经人类干预而构成的生态系统。

海岛特别保护区 special sea-land protected area

对具有特殊地理条件、景观、人文、生态、生物与非生物资源开发利用特殊需要的岛屿及其周边海域，经主管部门批准，采取有效的保护措施和科学的开发方式进行特殊管理的海岛。

海岛统计调查制度 island statistics investigation system

海岛统计调查是海岛开发、保护与管理的基础性工作，及时、准确了解和掌握我国海岛的资源、环境、经济、管理等情况，是加速海岛开发建设、加强海岛管理的向导，有利于各级政府、管理部门对我国海岛和海洋发展的宏观调控和战略指导，有利于我国海岛的可持续开发利用和保护。

海堤 sea dike; sea wall; sea bank; dyke

又称"海塘"。参见海塘。

海底采矿 submarine mining

从海底表层的沉积物和海底岩层中获取矿产资源的全过程。

海底采硫 submarine sulphur mining

采用井下加热熔融提取法，获取海底硫黄矿的全过程。

海底仓库建筑 submarine warehouse construction

设置在海底供存放生产器材、海底工厂产品和军事装备等物资场所的施工。

海底测井 undersea well logging

将各种地球物理方法，如声、光、电、磁、放射性测井等应用到井下地质剖面中，以研究海底地层的性质，寻找油气及其他矿产资源的方法。

海底场馆用海 sea area use for submarine venues

建设海底水族馆、海底仓库及储罐等及其附属设施所使用的海域。

海底淡水管道运输 submarine freshwater pipeline transportation

通过海底管道对淡水的运输活动。

海底底质图 chart of bottom quality

表示海底底部裸露的基岩、表层沉积物特性的专题海图。

海底地理实体 undersea feature

海底可以测量并可划分界限的地貌单元。

海底地貌 submarine topography; submarine landform

海底表面的形态、样式和结构。按所处位置和基本特征，可分为大陆边缘、大洋盆地和大洋中脊三个基本地貌单元。

海底地名 undersea feature names

人们赋予海底地理实体的名称，广义上包括地名专名和地名通名两部分。

海底地势 submarine relief

海底地形起伏的总体态势。大型地貌组成的海底地貌基本形状，如高低、走向、分布和位置等。

海底地形学 submarine topography

研究海底表面起伏情况、形态特征、发展变化规律以及人类活动与海底环境相互作用的学科。

海底电缆 submarine cables

铺设在海床上或海床内，用于传输电流或信息的（防水）金属线或光纤维。

海底电缆、光缆的铺设 cable laying of submarine cable and fiber

将电缆、光缆铺设在海底的施工活动。

海底电缆制造 manufacture of submarine cable

用于电力输配、电能传送、通讯传播及照明等各种用途的海底电缆的制造。

海底调查 ocean bottom survey

海底地形地貌、海洋底质、海底浅层结构和表层沉积物、海底热流等方面的观测与测量的统称。

海底风化作用 halmyrolysis

又称"海解作用"，参见海解作用。

海底高原 submarine plateau

大陆向海延伸的坡地上范围广阔的地形隆起实体，边缘地形陡峭，顶部地形相对平坦，部分地区海山与沟谷相间，相对高差一般大于200米。

海底工程用海 sea area use for submarine engineering

建设海底工程设施所使用的海域。

海底工程作业服务 submarine engineering operation services

对海底工程作业的服务活动。

海底谷地 submarine valley

又称"海底峡谷"、"水下峡谷"。为横切大陆坡和大陆架的海底谷地。主要由混浊流侵蚀作用和海底滑塌作用形成。

海底管道 submarine pipelines

铺设在海床上或深埋于海床内，或架设在海床之上某一高度处的管线，用于输送水、天然气、石油等。

海底管道铺设 submarine pipe construction

用于输油、输气、供水及输送其他物品的管道施工。

海底管道输送量 transportation volume of submarine pipeline

报告期内海底运输管道通过油（或气）、水等输送物品的数量。按照输油管道、输气管道、输送淡水管道及其他分类统计。计量单位：立方米。

海底管道输送能力 transportation capacity of submarine pipeline

报告期内海底运输管道最大可能通过油（或气）、水等输送物品的数量。一般按管道的不同口径分组。计算单位：立方米/年。

海底光缆制造 manufacture of submarine fiber cable

将电的信号变成光的信号，进行声音、文字、图像等信息传输的海底光缆的制造。

海底化学矿采选 mining of submarine chemical mineral

从深海大陆架及深海海域海底进行的化学矿的开采，如硫黄矿、重晶石、磷钙石等。

海底火山 submarine volcano

地下岩浆沿地壳裂隙口喷出的海底表面所形成的圆锥状高地。

海底基盘 seafloor template

具有导向功能，其上能安装海底井口系统和防喷系统或海底生产系统钢质框架结构物，海床上安放两个以上的井口槽。

海底阶地 terrace

大陆架、大陆坡上呈阶梯状连续分布的地理实体，由地形平坦的阶梯面及其之间的陡坡相间排列构成。

海底可燃冰开采 mining of submarine gas hydrate

从海洋深处岩层中提取固态形式的天然气水合物的开采活动。

海底控制点 submarine control point

为建立海洋大地测量控制网而设在海底的控制点。

海底控制网 submarine control network

海底的海洋大地测量控制网，用于海洋大地测量或局部高精度测量。

海底矿产资源 beach mineral resource

滨海地区分布离岸较近的海底的、可被利用的矿物、岩石和沉积物。

海底扩张 seafloor spreading

地幔物质沿大洋中部脊，穿透岩石圈裂缝或裂谷，向两侧不断扩展，上升、充填裂谷，而产生新的海底地壳的构造运动。

海底硫矿 submarine sulphur mine; submarine sulphur deposit

海底岩层中含有硫的矿床。

海底煤矿 undersea coal mine

又称"海底煤田"。海底岩层中含有煤的矿床。

海底煤田 undersea coal mine

又称"海底煤矿"。参见海底煤矿。

海底平顶山 guyot

顶部平坦，一般呈圆形或椭圆形的海山。

海底丘陵 seaknolls

由众多海丘组合而成、分布面积较广的地理实体，整体地形高低起伏，峰谷相间。

海底区 benthic division

海水覆盖区域的海床和底土。

海底泉 submarine spring

海底地层中地下水的天然露头。

海底热泉 hot spring

海底岩石裂隙中喷涌出的热水泉。

海底热液 submarine hydrothermal solution

大洋中脊和边缘海扩张轴等处产生的富含多种金属元素（以重金属元素为主）的一种高温热水。

海底热液矿床 submarine hydrothermal deposit

由海底热液作用形成的硫化物和氧化物矿床。按其形态分为海底多金属软泥和海底硫化矿床两种。

海底热液矿床开采 mining of seafloor hydrothermal deposit

对海底多金属硫化物和多金属软泥等的开采活动。

海底砂矿 beach placer; littoral placer

又称"滨海砂矿"。参见滨海砂矿。

海底扇 fan

又称"深海扇"，参见深海扇。

海底－水层耦合 benthic－pelagic coupling

底栖生物系统和浮游生物系统之间营养物质的循环转移。

海底隧道工程建筑 submarine tunnel construction

建在海底之下供行人、车辆通行的地下建筑物的施工。

海底隧道用海 sea area use for submarine tunnel

建设海底隧道及其附属设施所使用的海域，包括隧道主体及其海底附属设施，以及通风竖井等非透水设施所使用的海域。

海底铁矿 undersea iron mine; undersea iron deposit

海底岩层中含铁的矿床。

海底通信服务 submarine communication services

利用海底电缆、光缆进行的通信服务活动。

海底洼地 hole

小型的海底凹地。

海底锡矿 undersea tin mine

海底岩层中含有锡矿脉的矿床。

海底峡谷 submarine canyon

两侧坡壁陡峭、狭长的谷地。可分为两种：一种位于大陆坡上相对较窄深的海底峡谷；另一种位于大洋盆地上相对较宽浅的海底峡谷。

海底烟囱 submarine chimney

由海底喷出的超高温的热水溶液所形成的呈黑色或白色的烟囱状堆积体。

海底洋脊 submarine oceanic ridges

地形不规则或比较平坦的海底延伸的高地。两侧陡峭，其上的大陆架外部界限，自领海基线起不应超过 350 海里。这一规定，不适用于作为沿海国大陆边缘自然构成部分的海底高地的情况（《联合国海洋法公约》第 76 条第 6 款）。

海底养殖 submarine breeding; bottom culture

又称"海底栽培"。利用浅海海底岩礁或石块作为海藻生长基进行生长繁殖的海藻养殖方法。

海底运输管道制造 manufacture of submarine transmission pipeline

用于输送石油、天然气及其他流体产品的海底管道的生产活动。

海底栽培 submarine breeding；bottom culture

又称"海底养殖"。参见海底养殖。

海风 sea breeze

从海面吹向海面与从海面吹向陆地的风的统称。

海港仓储服务 harbor storage services

在海港内专业货场、仓库及以仓储服务为主的物流、配送公司（中心）的活动。

海港工程 harbour works

毗连海岸的永久人工构筑物，海域划界中，视为确定领海及其他海域界限的基线的一部分。"构成海港体系组成部分的最外部永久海港工程，为海岸的一部分"（《联合国海洋法公约》第 11 条）。

海港工程建筑 harbor engineering construction

海港码头、港池、航道和导航设施的施工。

海港航道专用机械制造 harbor navigation channel special machinery manufacturing

用于海港、航道清淤、清污、破冰等专用设备的制造。

海港物业管理 harbor property management

对海港、码头、仓库等区域进行专业化维修、养护、管理等相关服务活动。

海港装卸搬运 seaport material handling

海港内独立（或相对独立）的非船舶装卸服务。

海港装卸设备制造 harbor handling equipment manufacturing

海港码头所用起重机械、输送机械、装卸货物机械、装有升降或搬运装置的工作车等及其配件的制造。

海河 the Haihe River

中国华北地区主要的大河之一，长度 1 090 千米，流域面积264 617平方千米，平均年径流量226.00 亿立方米，平均年径流深度85 毫米，流经晋、冀、豫、津等省区，主要支流有永定河、大清河、子牙河、南运河、北运河。

海 – 河界面 sea-river interface

河口地区海水与来自河流的淡水相混合，形成一系列具有中等盐度的半咸水水域，称为海 – 河界面。

海积地貌 marine depositional landform

海岸地貌的一种类型。海岸地带的泥沙在波浪和潮流的作用下，发生横向或纵向的搬移运动，当其受到阻碍或动力减弱时，便停积下来形成的地貌。如海滩、沙嘴、沙坝等。

海积平原 marine deposition plain

在潮流、海浪和风的搬移作用下，近岸物质沉积形成的地表平坦、微向海倾的沿海平原。

海积土 marine soil

海洋中靠近海岸的浅海至深海地带堆积形成的土。

海籍 sea book

记载各项目用海的位置、界址、权属、面积、类型、用途、用海方式、使用期限、海域等级、海域使用金征收标准等基本情况的簿册和图件。

海槛 sill

分隔海盆的隆起地形的鞍部。

海解作用 halmyrolysis

又称"海底风化作用",海洋环境中,组成海底的各种物质不断发生物理的、化学的或生物地球化学的变化过程。

海进 advance of sea; transgression

又称"海侵",由海平面上升或地壳构造下沉等引起的海水缓慢地从海岸入侵陆地的过程。

海控点 hydrographic control point

海洋测量控制点的简称,指在国家一等到四等大地控制网点间布设的位于海岸附近和海岛上的加密控制点。

海口（海湾）mouths of bays

自海洋到海湾的入口,位于海湾天然入口的两端之间。

海况 sea state; ocean conditions

以数值与文字描述的风力作用下的海洋表面状况。

海浪 ocean wave; sea wave

海面由风引起的波动现象。主要包括风浪和涌浪。

海浪的角散 ocean waves angular spreading

海浪组成波的传播方向不一致时,在传播过程中向不同方向分散的传播现象。

海浪的弥散 ocean waves dispersion

海浪在传播过程中,叠加在一起的波动,因其组成波速度不同而分散传播的现象。

海浪预报图 wave forecasting diagram

描述未来海洋上海浪要素的空间分布特征的直观图。

海浪灾害 wave disaster

海上和海岸的大风巨浪造成的灾害。如台风（飓风）和冷空气大风引起的凶猛海浪，对航行船舶、海洋石油生产平台等设施、海上渔业捕捞船只，沿岸及近海水产养殖场、港口码头、防潮堤等海岸工程造成的经济损失和人员伤亡。

海里 nautical mile

又称"国际海里"（international nautical mile），航海上计量距离的单位，符号为 n mile。它等于地球椭圆子午线上纬度 1 分（1 度等于 60 分，1 圆围为 360 度）所对应的弧长。由于地球子午圈是一个椭圆，它在不同纬度的曲率是不同的，因此，纬度 1 分所对应的弧长也是不相等的。1 海里 ＝1 852 米。

海岭 oceanic ridge

耸立在深海盆地和大陆坡上的海底山脉。

海流 sea current; ocean current

又称"洋流"。海洋中，海水沿一定方向、以相对稳定的速度作大规模的非周期性流动。

海流观测 current observation

观测海水流动状况的过程。

海流能 ocean current energy

海洋中海流蕴藏的动能。

海龙卷 water spout

海上发生的龙卷。强积雨云中，小直径剧烈旋转的风暴，近似云底下垂的漏斗云。

海隆 rise

大洋底部中平缓突起的高地，通常呈长条状，高出海底数百米，部分海隆上发育海山。

海陆二元经济结构 bi-seaside economic structure

以海洋产业为特色的沿海经济与以非涉海产业为特色的内陆经济并存的经济结构。

海－陆界面 sea-land interface

海水和分布于大陆前缘的海滩、潮滩沉积物以及分布于大陆架上的沉积物之间的交界面，称为海－陆界面。

海陆统筹 bi-seaside coordination

广义上指在充分意识我国具有陆地大国和海洋大国双重属性的客观事实基础上，把海洋与陆地作为整体考虑，根据国内发展需求以及国际形势变化，协调海陆关系，平衡海陆发展战略，将海洋和陆地（以及附着其上的各种利益、价值和文明）统合进国家经济社会发展和维护民族利益的过程中，充分发挥我国海陆兼备的整体优势。

狭义上指以区域自然条件与社会经济发展状况为依据，以保障区域生态环境系统与社会经济系统正常运行为前提，在市场机制与政府宏观调控的共同作用下加强生产要素（劳动力、资源、资金、技术、信息等）在海洋与陆域之间的流通，实现资源有效、合理配置，从而促进区域经济社会持续、快速、健康发展。属于区域经济范畴，成为引领沿海区域经济发展的主导思想。

海陆一体化 integration of land and sea; sea-land integration

根据海、陆两个地理单元的内在联系，运用系统论和协同论的思想，通过统一规划、联动开发、产业链的组接和综合管理，把本来相对孤立的海陆系统，整合为一个新的统一整体，实现海陆资源的更有效配置。

海幔 apron

环绕岛、群岛、海山和海山群形成的海底平缓斜坡，表面起伏较小。

海面地形 sea surface topography

海面与大地水准面之间的差距，是借用陆地地形的含义而得名。

海面高 sea surface height

海面与水准椭球之间的高度，与地面的大地高相应。

海面控制点 sea surface control network

海面上的海洋大地测量控制点，一般为固定位置的浮标。

海面上升灾害 sea level rise disaster

全球气候变暖导致的海平面上升（海平面绝对上升）或沿海地面沉降、沿海地壳运动及海平面相对变化造成的（缓发性）灾害。

海南岛海洋经济区 Hainan Island Marine Economic Zone

海南岛本岛海岸线长 1618 千米，滩涂面积约 490 平方千米。优势海洋资源是热带海洋生物资源、海岛及海洋旅游资源和油气资源。海洋经济基础较薄弱。主要发展方向为：发展海岛休闲度假旅游、热带风光旅游、海洋生态旅游；发展海洋天然气资源加工利用；完善海口、洋浦和八所港口功能，加强与内陆连接的运输能力；抓好苗种繁育和养殖基地建设，鼓励发展外海捕捞。

海难 maritime distress

船只碰撞、搁浅或其他航行事故，或船上或船外所发生对船只或船货造成重大损害或极大威胁的其他事故。

海难事故 marine accident

海洋船舶或海上生产平台的机械设备、所载货物及人员因遭遇海上自然灾害或意外事故而造成的灾难。

海宁潮 Haining tide

又称"钱塘潮"，指浙江省杭州湾钱塘江口的涌潮。

海平面 mean sea level

某测潮站一段时间内每小时潮位的平均值。

海平面变化 sea level change

气候、天气、海洋、地球物理和天文等因素引起海平面发生的周期性或非周期性的变化，气候变化与地壳的构造运动等原因引起的海面高度变化。

海气界面 air-sea interface

海洋与大气相接的面，出现海气相互影响、相互制约、彼此适应的作用。

海气热交换 ocean-atmosphere heat exchange

海洋与大气间的热量交换。

海侵 transgression

又称"海进"，参见海进。

海穹 sea arch; marine arch

又称"海蚀拱桥"，岬角处因两侧受海水侵蚀作用，而形成的两个方向相反、被蚀穿的海蚀洞互相贯通的拱桥状地貌。

海山链 seamount chain

由一系列相对独立的海山、海丘组成，呈链状分布的海山群体。

海山群 seamounts

由众多海山组成、成片分布的海山群体。

海上暴露部位 exposed part above

海洋构造物暴露于海平面以上的部位。

海上采油 offshore production

海底油气藏开采的整套工艺技术和油气处理以及输送的全过程。

海上城市 marine city

建在海上人工岛上或漂浮式的城市，具有新型城市功能。

海上垂钓用品制造 manufacture of marine fishing supplies

海上垂钓专用的各种用具及用品制造，如钓鱼竿及其他钓鱼用具和辅助用品等。

海上灯塔航标管理 management of marine lighthouse and navigation aid
为保证海上灯塔、航标正常使用进行的维护、管理活动。

海上焚烧 incineration at sea

以热摧毁为目的，在海上焚烧设施上，故意焚烧废弃物或者其他物质的行为，但船舶、平台或者其他人工构造正常操作中所附带发生的行为除外。

海上风能发电 generation by offshore wind power

将海上（包括海岸带和海岛）的风能转化成电能的生产活动。

海上婚姻服务 marriage service at sea

在海上及水下所进行的婚姻礼仪服务。

海上建筑物拆除 demolition of marine structures

人工建造的海上滞留物的拆除活动。

海上救捞及潜水装置制造 marine salvage and diving equipment manufacturing

海上救捞装备和潜水装置的制造。包括：救助抛缆器、快速止索器、潜水装备、潜水服、潜水通讯装置、潜水供气设备、饱和潜水系统和水下作业工具等。

海上救助打捞活动 salvage at sea

对海上遇险船只和人员的救助，以及落水货物的打捞活动。

海上评价井 offshore evaluation well

为评价油气藏，并探明其特征及含油气边界和储量变化，提交探明储量，获取油气田开发方案所需资料，而在海上勘探已获工业油气流面积上钻的井。

海上圈闭 marine trap

海底地层中，能够阻止流体在储集层中继续运移并将其聚集起来的任何岩石的几何排列。

海上污染治理 marine pollution control

对海洋船舶、海上石油平台等排放污染物的治理活动。

海上养殖 mariculture

在大潮低潮线以下从事海水养殖的生产活动。包括：底播增殖、浮筏养殖、网箱养殖等方式。

海上油气储油系统服务 services of offshore oil and gas reservoir system

为海上油气储油系统提供的服务活动。

海上油气集输系统服务 services of offshore oil and gas gathering and transportation system

为海上油气集输系统提供的服务活动。

海上油气生产系统服务 offshore oil and gas production system services

为海上油气生产系统提供的服务活动，如为固定式生产系统、浮式生产系统、水下生产系统等提供的服务活动。

海上油气田 offshore oil-gas field

海上同一个二级构造带内若干油气藏的集合体。

海上游乐设备制造 manufacture of marine amusement rides

海上游乐设备和游艺器材的制造。

海上游乐园服务 marine amusement park services

配有大型娱乐设施的海上游乐服务活动。

海上运输监察管理 supervision and management of marine transportation

为保证海上运输安全所进行的监察管理活动。

海蚀地貌 marine abrasion landform

属于海岸地貌的一种类型，在波浪、潮流及其所携带的泥沙、砾石不断地冲击、冲刷、研磨破坏海岸的作用下形成的侵蚀形态。常见的有海崖、海蚀平台、海蚀穴和海蚀窗、海蚀拱桥和海蚀柱等。特点是变化明显，有的地方前进，有的地方后退。

海蚀洞 marine cave

海蚀作用在海蚀崖软弱处（软岩，裂隙或裂隙交会处）形成的洞穴。

海蚀拱桥 sea arch；marine arch

又称"海穹"。参见海穹。

海蚀阶地 marine erosion terrace

气候或地质构造作用引起的海平面升降或垂直的构造运动，使海蚀台及海滩抬升或沉降形成的阶梯状地形。

海蚀平原 marine erosion plain

波浪、海流、潮流等对沿岸陆地侵蚀、破坏形成的地表平坦、微向海倾的沿海平原。

海蚀崖 sea cliff

波浪冲蚀作用形成的陡崖。因波浪冲击，海岸边形成凹槽，上部岩石悬空坍落而成，多见于岩坡较陡、波浪作用较强的岸段。海蚀崖随波浪冲击而不断后退，在坡脚有大量坍落岩块聚积，波浪不能直接冲蚀坡脚时，后退停止。

海蚀作用 marine erosion

海洋动力、化学和生物作用下，岩屑之间的磨蚀作用和溶蚀作用的总称。

海事 marine accidents

（1）泛指一切与海上运输、作业有关的事故。（2）船舶、水上结构物在航行、作业或停泊时所发生的事故。

海水 seawater

构成海洋水体的水。溶解有多种无机盐、有机物质和气体以及含有许多悬浮物质的混合液体。

海水比容 specific volume of water

单位质量的海水体积。法定计量单位为立方米每千克（m³/kg），符号为：$a = 1/\rho$（ρ 为海水的密度）。

海水比重 specific gravity of seawater

大气压力下具有某温度的海水密度与4℃蒸馏水密度的比值。4℃的蒸馏水密度值很接近于1，在这种情况下海水的比重与密度就具有大致相等的数值。

海水冰点 sea water ice point

海水结冰时的温度。海水冰点随海水的盐度增加而降低。

海水处理专用设备制造 seawater treatment special equipment manufacturing

海水直接利用所用离心机、固液分离机等设备的制造。

海水淡化 sea water desalination; desalination of seawater

海水脱除盐分变为淡水的过程。主要方法有四种，即：热能法（蒸馏法和冷冻法）、机械能法（压透析法和反渗透法）、电能法（电渗析法）和化学能法（溶媒抽出法和离子交换法等）。

海水淡化产量 production of seawater-desalination

报告期内利用各种淡化技术将海水处理为淡化水的产量。计量单位：万吨。

海水淡化产品零售 retail of seawater desalination products

海水淡化后的桶装及瓶装水的零售活动。

海水淡化产品批发 wholesale of seawater-desalination products

海水淡化后的桶装及瓶装水的批发和进出口。

海水淡化供应用仪表制造 seawater desalting supply instrument manufacturing

淡化的海水供应过程中使用的计量仪表、自动调节及控制仪器及装置的制造。

海水淡化专用分离设备制造 seawater desalting special separation equipment manufacturing

用于海水淡化使用的分离、过滤、净化、蒸馏设备的制造。

海水淡化自动控制系统装置制造 seawater desalting automatic control system equipment manufacturing

海水淡化生产过程中工业控制系统、仪表和调节控制等装置的制造。

海水淡水资源 sea water desalination resources

对海水进行淡化处理后,从海水中获得的淡水资源。

海水导电性 marine conductivity

海水含有盐分,具有良好的导电性,海水的导电性可以用海水电导率来表示。1立方米的海水的电导称为"电导率",是表示海水物理性能的一个物理量,也是海水的一个重要的物理化学性质。

海水倒灌 seawater encroachment

沿海地区由于陆地内河道水位低于海平面,从而引起海水向陆地回流的现象。

海水对流混合 marine convective mixing

海水上下的交换作用。当上层海水的密度大于下层海水的密度时,在重力作用下,上层海水下沉,下层海水则上升。由于海水中存在着密度跃层,使对流混合受到阻碍,然而对流混合的加剧,最终将破坏各类跃层的存在。

海水沸点 boiling point of sea water

海水沸腾时的临界温度。随海水盐度的增加而升高，盐度每增加10‰，沸点温度升高 0.16℃ 。

海水灌溉 seawater-irrigated

利用海水灌溉耐碱农作物的活动。

海水化学元素提取 seawater chemical element extraction

直接从海水中提取化学物质，如溴素、钾、铀、重水等的活动。

海水化学元素资源 seawater chemical elements resources

海水中含有的大量化学元素，其中以卤族元素含量最为丰富。目前，已被广泛利用的海水化学资源主要有卤族元素溴、碘，碱金属元素钾、镁，放射性元素铀和重水。

海水化学资源 seawater chemical resources

海水中溶存的可供开发利用的化学物质。

海水化学资源的综合利用 the comprehensive utilization of seawater chemical resource

从海水中提取化学元素、化学品及深加工等。

海水混合 sea water mixing

具有不同特征的海水，在其邻接区域会发生彼此渗透、转化，从而相邻海水的性质逐渐趋向均一，这一过程称为海水混合。

海水扩散 seawater diffusion

海水中由于分子或流体不规则地运动，所产生的物质分子或涡动的扩散现象。

海水冷却 salt water cooling

直接以海水为冷却介质，经换热设备完成冷却。

海水密度 seawater density

海水单位容积的质量。

海水黏滞性 seawater viscosity

海水中由于分子或流体块作不规则的运动，而发生动量交换引起内摩擦应力时所出现的分子黏滞性或湍流黏滞性。

海水热比 marine heat ratio

使 1 克海水温度增加 1℃时所需要的热量。

海水热传导 marine heat conduction

海水中由于分子或流体块的不规则运动所产生的在相邻不同温度层间的分子变换或湍流传导现象。

海水入侵 saltwater intrusion

由于自然或人为原因，海滨地区水动力条件发生变化，使海滨地区含水层中的淡水与海水之间的平衡状态遭到破坏，导致海水或与海水有水力联系的高矿化地下咸水沿含水层向陆地方向扩侵的现象。

海水提钾 extraction of potassium from seawater

从海水中生产钾盐的工艺过程。

海水提锂 extraction of lithium from seawater

从海水中生产锂盐的工艺过程。

海水提芒硝 extraction of mirabilite from seawater

从海水中生产芒硝（硫酸钠）的工艺过程。

海水提镁 extraction of magnesium from seawater

从海水中制取镁及镁化合物的工艺过程。

海水提溴 extraction of bromine from seawater

从海水中生产溴的工艺过程。

海水提铀 extraction of uranium from seawater

从海水中提取铀的工艺过程。

海水透明度 seawater transparency

表示海水能见程度的一个量度，即光线在水中传播一定距离后，其光能强度与原来光能强度之比。

海水温差能 ocean thermal energy

又称"海洋热能"，参见海洋热能。

海水温度 seawater temperature

为度量海水热状况的一个物理量，其中海水吸热以来自太阳的短波辐射及大气的长波辐射为主。

海水物质资源 seawater material resources

海洋中一切有用的物质，包括海水本身及溶解于其中的化学物质、沉积蕴藏于海底的各种矿物质资源以及生活在海洋中的各种生物体。

海水循环冷却技术 treatment technology of seawater as circulating cooling water

以海水为冷却介质，海水经换热设备完成一次冷却后，经冷却塔冷却循环使用。

海水循环冷却利用量 seawater using quality by circulated cooling

报告期内以海水为冷却介质进行循环冷却的实际海水利用量。计量单位：万吨。

海水压强 marine pressure

海洋中某一点的压强 p，指这一点单位面积上水柱的重量，等于海水厚度 h 与海水密度 ρ、重力加速度 g 的乘积，即 $p = \rho g h$。单位为 Pa（帕）。

海水盐差能 seawater salinity gradient energy

海水和淡水之间或两种含盐浓度不同的海水之间的化学电位差能。主要存在于河海交接处。

海水盐差能发电 generation of electricity by seawater salinity gradient

将海洋盐差能转化成电能的生产活动。

海水养殖产量 mariculture production; seaculture production

从人工投放苗种或天然纳苗并进行人工饲养管理的海水养殖水域中捕捞的水产品产量。计量单位：万吨。

海水养殖面积 mariculture area; seaculture area

利用滩涂、浅海、港湾进行鱼、虾、蟹、贝、藻等海水经济动植物的人工养殖的水面面积。在报告期内无论是否收获其产品，均应统计在海水养殖面积中，但有些滩涂、水面不投放苗种或投放少量苗种，只进行一般管理的不统计为养殖面积。计量单位：公顷。

海水鱼苗及鱼种服务 seawater fish fry and fingerling services

为海水养殖提供鱼苗、鱼种的服务活动。

海水珍珠加工 seawater pearl processing

海水珍珠的加工活动。

海水直接利用 seawater direct utilization

以海水为原水，直接代替淡水作为工业用水或生活用水等的总称。如海水冷却、海水脱硫、海水冲厕（大生活用海水）、海水养殖等。

海水制盐 production of salt from seawater

以海水（含沿海浅层地下卤水）为原料，经日晒、浓缩、结晶生产海盐的活动。

海水资源 resources of sea water；seawater resources

海洋水体中存在的可供利用的物质。包括海水淡化、海冰利用、海水直接利用和从海水中提取的化学元素。

海水资源开发技术 technology of sea water resources exploitation

由海水中提取溶存的食盐和其他化学物质，将海水脱盐得到淡水，以及直接利用海水等的技术。

海水资源利用区 seawater resources utilization zone

为开发利用海水资源或直接利用地下卤水需要划定的海域，包括盐田区、特殊工业用水区和一般工业用水区等。

海水综合利用工程建筑 seawater comprehensive utilization project construction

海水淡化及综合利用建筑工程的施工活动。

海水综合利用用海 sea area use for comprehensive utilization of sea-water

开展海水淡化和海水化学资源综合利用等所使用的海域，包括海水淡化厂、制碱厂及其他海水综合利用工厂的厂区、取排水口、蓄水池及沉淀池等所使用的海域。

海损 sea damage

航运船舶或货物因自然灾害或其他海难事故所遭受的直接和间接损失。

100

海台 submarine platform

顶部宽阔平坦，周边斜坡比较陡峭的海底高地，相对高差一般大于200米。

海滩 intertidal zone

又称"潮间带"、"滩涂"、"前滨"。参见潮间带。

海滩剖面 beach profile

与海岸线垂直的海滩横断面。

海滩旋回 beach cycle

海洋动力周期变化引起海滩周期性变化的现象。

海滩岩 beach rock

海滩上砂、砾等碎屑物质经碳酸盐胶结作用而形成的岩石。

海塘 sea dike; sea wall; sea bank; dyke

又称"海堤"。在江、河下游入海地段两岸修筑的堤防。作用是保护两岸农田免受海潮浸渍。因有潮汐的侵袭，海塘的结构要比普通的堤防更加坚固，海塘外的滩地也需要加以保护。

海图 chart

又称"海洋地图"，以海洋及其毗邻的陆地为描绘对象的地图，描绘对象的主体是海洋。按表示内容分为航海图、普通海图和专题海图。

海图编绘 composite drawing chart

制作出版原图的全过程。其中，编图作业为整个海图生产的中心环节。

海图编制 chart compilation

海图出版原图的设计和制作。

海图精度 chart accuracy

海图的精确程度，是衡量海图质量的重要指标，以海图要素的平面和高程误差大小来体现，包括海图投影误差、测量和编绘作业中产生的误差，海图印刷过程中产生的误差以及各种材料引起的变形误差等。

海图内容 chart contents

海图各种信息的统称。包括数学基础、地理信息和辅助信息三大类。

海图制图学 sea chart cartography

地图制图学的一个分支。研究海图的发展过程，海图内容及其表示方法，海图的编绘、复制、使用和更新的一门理论和技术的学科。

海退 regression

地壳上升或海面下降引起海水后退的地质现象。

海湾 bay; gulf; bight

〈海洋科技〉海或洋伸入大陆或大陆与岛屿之间的一部分水域。

〈资源科技〉被陆地环绕且面积不小于以口门宽度为直径的半圆面积的海域。

海雾 sea fog

海面上空的平流雾。

海峡 strait; channel

两块陆地之间连通两个海或洋的宽度较狭窄的水道。

海相沉积 marine deposit; marine facies sedimentation

在海洋中沉积的物质。按海底沉积物形成的深度不同可分为滨海相、陆栅相、次深海相、深海相沉积等。特点是相变不大，可以在较大范围内保持均一的岩性，主要岩石是碎屑岩、黏土岩、铁质岩、硅质岩等。

海啸 tsunami

由海底地震、火山爆发或巨大岩体塌陷和滑坡等导致的海水长周期波动，能造成近海海面大幅涨落。

海啸灾害 tsunami disaster

海洋地震、塌陷、滑坡、火山喷发等引起的特大海洋长波（海啸）袭击海岸地带造成的灾害。

海崖 seascarp; sea cliff

大陆坡或大洋盆地上陡峭的线状崖壁。

海盐 sea salt

食盐（氯化钠）的一种，由海水获得。

海盐产量 sea salt production

报告期内以海水（含沿海浅层地下卤水）为原料经晒制而成的以氯化钠为主要成分的产品，并经验收后符合质量标准的合格产量。计量单位：万吨。

海盐化工产品产量 production of sea salt chemical products

以海盐、溴素、钾、镁等直接从海水中提取的化学物质作为原料进行的一次加工产品数量。包括烧碱（氢氧化钠）、纯碱（碳酸氢钠）和其他碱类及化学原料的生产；及以制盐副产物为原料进行的氯化钾和硫酸钾的生产；或溴素加工产品以及碘等其他元素的加工生产。计量单位：吨。

海盐及海洋化工业管理 management of sea salt and marine chemistry industry

有关行业主管机构对海盐及海洋化工经营的管理活动。

海盐加工 sea salt processing

以海盐为原料，经过化卤、洗涤、粉碎、干燥、筛分等工序，或在其中添加碘酸钾及调味品等加工制成盐产品的生产活动，包括洗涤盐、精制盐、加碘盐、调味盐、强化营养盐、饲料盐等。

海盐年生产能力 annual producing capacity of sea salt

企业生产海盐的全部设备的综合平衡能力。海盐生产露天作业，受天气影响，因而计算生产能力时，成熟滩田按十年实际平均单位生产面积产量乘以本年成熟滩田生产面积计算，新滩田按设计能力及滩田成熟程度可能达到的产量计算。计量单位：万吨。

海盐批发 sea salt wholesale

海盐的批发和进出口。

海盐资源 marine salt resources

海水中含有的并易直接提取的盐类资源，如氯化钠等。

海洋（性）气候 marine climate

又称"滨海气候"、"海岸带气候"。参见滨海气候。

海洋保护区 marine protected zone

为保护珍稀、濒危海洋生物物种、经济生物物种及其栖息地以及有重大科学、文化和景观价值的海洋自然景观、自然生态系统和历史遗迹需要划定的海域，包括海洋和海岸自然生态系统自然保护区、海洋生物物种自然保护区、海洋自然遗迹和非生物资源自然保护区、海洋特别保护区。

海洋保护区用海 sea area use for marine protected areas

各类涉海保护区所使用的海域。

海洋保健品零售 retail of marine health products

海洋保健食品的零售活动。

海洋保健品批发 wholesale of marine health products

海洋保健食品的批发和进出口。

海洋保健营养品制造 manufacture of marine healthy food

从海洋生物中提取有效成分，加工生产制造海洋保健营养品的活动，如深海鱼油、螺旋藻等。

海洋波浪能发电 ocean wave energy power generation

将海洋波浪能转化成电能的生产活动。

海洋波浪能原动机制造 marine wave energy prime mover manufacturing

利用波浪能源发电的原动机的制造。

海洋博物馆参观人次 number of marine museum visitors

报告期末向社会开放的海洋文化机构当年接待的所有参观人次的累计数。计量单位：人次。

海洋博物馆举办展览次数 times of marine museum exhibitions

展览指在本机构内设置，由本馆设计布陈，形式比较多样的展出。同一内容的巡回展览，均按一次计算。与系统外机构合办的展览，由本馆统计；与系统内机构合办的，由主办馆统计。陈列作为长期展览，并入此指标项中。计量单位：次。

海洋捕捞产量 marine fishing production

本国国内海域捕捞产量，不包括远洋捕捞。计量单位：万吨。

海洋捕捞业 marine fishing industry

利用各种渔具、渔船及设备，在海洋中捕获天然的鱼类和其他水生经济动、植物而形成的生产行业。

海洋不可再生资源 non – renewable marine resources

人类开发利用后，其存量逐渐减少、衰退以致枯竭的海洋自然资源。

海洋采矿专用设备制造 marine mining special equipment manufacturing

海滨和海底矿产开采的专用设备的制造。

海洋餐饮服务 marine food and beverage services

以海洋水产品为主的餐饮服务活动，包括宾馆、饭店、酒楼、餐厅及其他餐饮场所提供的正餐、快餐服务，以及其他海鲜风味小吃等服务。

海洋测绘 hydrographic survey and charting

海洋测量与海图制作的总称。包括对其邻近陆地和江河湖泊进行测量和调查，获取的海洋基础地理信息，制作各类海图和编制航行资料等。

海洋测绘服务 hydrography and nautical cartography services

为海洋测绘、海图编制、海洋地理信息系统工程等进行的服务活动。

海洋测量 hydrographic survey

对海洋区域及邻近陆地的各种测量工作的统称。包括海洋大地测量、水深测量、海底地形测量、海洋工程测量，海洋重、磁力测量及其他专题测量与调查。

海洋层化 ocean stratification

海水的温度、盐度和密度等热力学状态参数随深度分布的层次结构。

海洋产品出口额 export volume of marine products

从本国国境出口的海洋产品的总金额。中国规定出口货物按离岸价格统计，按照水产品、原油、船舶分类统计。计量单位：万美元。

海洋产业 ocean industry

开发、利用和保护海洋所进行的生产和服务活动。主要表现在以下五个方面：直接从海洋中获取产品的生产和服务活动；直接从海洋中获取的产品的一次加工生产和服务活动；直接应用于海洋和海洋开发活动的产品生产和服务活动；利用海水或海洋空间作为生产过程的基本要素所进行的生产和服务活动；海洋科学研究、教育、管理和服务活动。

海洋潮流能发电 tidal current energy power generation

将海洋潮流能转化成电能的生产活动。

海洋潮流能原动机制造 marine tidal current energy prime mover manufacturing

利用潮流能源发电的原动机的制造。

海洋潮汐能发电 ocean tidal energy power generation

将海洋潮汐能转化成电能的生产活动。

海洋潮汐能原动机制造 marine tidal energy prime mover manufacturing

利用潮汐能源发电的原动机的制造。

海洋沉积 marine sediment

海洋各种沉积物及其沉积过程的总称。

海洋沉积物 marine sediments

各种海洋沉积作用所形成的海底沉积物的总称。可分为远洋沉积物和陆源沉积物。

海洋成人高等教育 marine adult higher education

各种设有海洋专业的成人高等教育活动。

海洋冲击堆 marine impact heap

大陆坡麓海底峡谷出口处，比海底扇的规模小、呈圆锥形的堆积体。

海洋船舶导航、通讯设备制造 manufacture of marine navigation and communication equipment

包括海洋船舶用罗经、雷达、通讯设备、水声设备的制造。

海洋船舶电气设备制造 marine ship electrical equipment manufacturing

包括海洋船舶的电机、电缆、变电设备、仪表、控制设备等的制造。

海洋船舶发动机和推进设备制造 manufacture of marine vessel engines and propulsion equipment

包括海洋船舶用内燃机、汽轮机、锅炉、轴系、推进器及其配套设施的制造。

海洋船舶工业管理 management of marine shipping industry

有关行业主管机构对海洋船舶工业经营的管理活动。

海洋船舶甲板机械制造 manufacture of deck machinery

包括海洋船舶用货物装卸机械、起锚机、舵机、系泊绞车、起艇机等的制造。

海洋船舶手持订单量 carrying orders of marine ship

报告期末尚未交付船东的全部有效海洋船舶合同订单。计量单位：载重吨。

海洋船舶新承接订单量 new orders to undertake of marine ship

报告期内正式生效的海洋船舶合同订单（不含选择权和未正式生效的合同订单）。计量单位：载重吨。

海洋船舶修理及拆船 marine ship repair and shipbreaking

海洋金属及非金属船舶的修理与对废旧海洋船舶的拆卸活动。

海洋船舶专用涂料制造 manufacture of marine vessel coating material

包括海洋船舶专用涂料及其辅助材料等的制造。

海洋船台船坞工程建筑 marine berth and dock engineering construction

海洋船舶工业船台船坞的施工。

海洋大地测量学 marine geodesy

大地测量学的一个分支。研究建立海洋大地控制点网及确定地球形状和大小、海面形状与变化的科学。

海洋档案馆 marine archives

对各类海洋档案文件进行的管理和服务活动的机构。

海洋底栖生物 marine benthos

底栖生物是由生活在海洋基底表面或沉积物中的各种生物所组成，种类繁多。底栖生物包括底栖植物和底栖动物。底栖植物主要是一些大型藻类和单细胞藻类，底栖动物则包括各分类系统的代表。按照生物和底质的关系，底栖生物可分为底上、底内和底游 3 种类型。

海洋地层学 marine stratigraphy

研究海底地层相互关系及其时空分布规律的学科。

海洋地理学 marine geography

研究海洋地理环境的空间结构特点与发展变化规律，人类活动与海洋地理环境相互作用，以及海洋资源的开发利用与保护、海洋经济、疆域政治与管理的学科。

海洋地球物理学 marine geophysics

研究地球被海水覆盖部分的物理性质及其与地球组成、构造关系的学科。

海洋地图 chart

又称"海图"，参见海图。

海洋地形地貌与冲淤环境影响 environmental impact on marine geomorphology，erosion and accumulation

建设项目（包括新建、扩建、改建工程）对海岸、滩涂、海底和底土等自然地理条件的改变及其产生的环境影响。

海洋地震服务 marine seismic services

为海洋地震监测、震灾和紧急求援等进行的防震减灾活动。

海洋地质学 marine geology

研究海岸、海底的地质特征及演变历史，包括地形地貌、沉积过程、构造演化和海底矿物资源的形成与利用的学科。

海洋地质专用仪器制造 manufacture of marine geology special equipment

海洋地质调查专用仪器的制造。

海洋电力供应用仪表制造 manufacture of marine electric power supply application instrument

海洋电力供应过程中使用的计量仪表、自动调节和控制仪器及装置的制造。

海洋电力业 marine electric power industry

在沿海地区利用海洋能、海洋风能进行的电力生产活动。

海洋电力自动控制系统装置制造 marine electric power automatic control system equipment manufacturing

海洋电力生产过程中工业控制系统、仪表和调节控制等装置的制造。

海洋调查 oceanographic survey

通过调查船、志愿船、浮标等对海洋水文、气象、化学、生物、生态、地质等进行的测量或调查活动。

海洋调味品加工 processing of marine flavorings

以海洋水产品为辅料生产各种调味品的活动，如海鲜酱油、蚝油、虾酱等。

海洋动植物保护 marine animal and plant protection

对海洋野生濒危动植物的饲养、培育、繁殖等保护活动，以及对海洋动植物栖息地的管理活动。

海洋动植物观赏服务 marine plant and animal viewing service

沿海地区海洋动植物观赏服务活动，如海洋馆、水族馆和海底世界。

海洋断面 marine section; marine observational section; marine transect

在调查海域中布设的垂直观测剖面。

海洋法 law of the sea

确立各类海洋区域的法律地位，及各国在各类海洋区域内的权限。是从事航行、资源开发、科学研究、环境保护、海洋管理等方面具有法律性的海洋文件。

海洋法规 law and regulation of sea

立法机关和政府制定的管理海洋的法律和规章制度。

海洋方便食品加工 processing of marine instant food

以海洋水产品为原料制成的各种速冻食品、方便食品的制造。如速冻鱼丸、鱼片、海苔等。

海洋防护性工程建筑 engineering construction for marine protection

为保护海岸修筑防护性建筑物的施工活动，如海上堤坝工程施工。

海洋防灾 marine disaster prevention

为减少、减轻海洋灾害造成的损失，在灾前采取的预防性措施。如建设防灾工程、制定防灾预案等。

海洋飞沫 sea spray

海浪破碎及水滴蒸发形成的细小浪滴和盐沫。

海洋非金属船舶制造 marine non-metal ship manufacturing

以木材、玻璃纤维、增强塑料等非金属材料制造海洋船舶的活动。

海洋浮式装置制造 marine floating device manufacturing

海洋浮式装置的制造，如挖泥船、浮吊、浮船坞、隔离舱、泊位平台、充气筏等。

海洋浮游生物 marine plankton

浮游生物指在水流运动的作用下，被动地漂浮在水层中的生物群。它们的共同特点是缺乏发达的运动器官，运动能力薄弱或完全没有运动能力，只能随水流移动。

海洋高能环境 high energy marine environment

沿岸海水运动剧烈，海底地形地貌很不稳定的区域。

海洋高新技术产业 marine high-tech industry

由海洋知识密集型和高技术、新技术而形成的生产和服务行业。

海洋工程 ocean engineering

工程主体或者工程主要作业活动位于海岸线向海一侧，或者需要借助、改变海洋环境条件实现工程功能，或其产生的环境影响主要作用于海洋环境的新建、改建、扩建工程。

海洋工程地质调查与勘查 geology research and exploration of marine engineering

海洋工程的地质调查与勘查活动。

海洋工程管理 ocean engineering management；marine engineering management

对海洋设施、海底工程和其他工程开发活动的组织管理，包括审核和监督海底电缆、管道的铺设等。

海洋工程管理服务 marine engineering management services

与海洋工程有关的筹建、计划、造价、资金、预算、场地、招标、咨询、监理等服务活动。

海洋工程建筑业 ocean engineering construction industry

从事海港、航道、滨海电站、海岸、堤坝等海洋和海岸工程建筑活动的行业。

海洋工程勘察设计 marine engineering survey and design

海洋工程建筑施工前的地质勘察和工程设计，如海港工程的勘察设计、海洋石油工程的勘察设计。

海洋工程学 ocean engineering

应用海洋科学和工程技术，进行研究、开发、保护海洋的综合性技术学科。

海洋工艺品制造 marine crafts manufacturing

以海洋贝壳和海滨植物种木等为原料，经艺术加工而制成的各种工艺品的生产活动，如贝壳雕、椰壳工艺品、贝雕画。

海洋公共安全管理 management for marine public safety

海上稽查、海港、海关等人民警察的管理活动。

海洋公园 ocean park

海洋公园和海洋旅游景点、古迹、遗址（海洋地质遗迹、海洋古生物遗迹、海洋自然景观）的服务活动。

海洋功能区 marine functional zone

根据海域及海岛的自然资源条件、环境状况、地理区位、开发利用现状，并考虑国家或地区经济与社会持续发展的需要，所划定的具有最佳功能的区域，是海洋功能区划最小的功能单元。

海洋功能区划 division of marine functional zonation

按照海洋功能区的标准，将海域及海岛划分为不同类型的海洋功能区，为海洋开发、保护与管理提供科学依据的基础性工作。

海洋固定及浮动装置修理 repair of fixed and floating marine equipment

对船厂或浮于海面结构的保养、大检和修理活动。

海洋固定停泊装置制造 manufacture of fixed offshore mooring devices

海上固定停泊或不以航行为主的船只或装置的制造，如灯船、消防船、起重船、钻井船和石油平台等。

海洋观测 oceanographic observation

以掌握、描述海洋状况为目的，对潮汐、盐度、海温、海浪、海流、海冰、海啸波等进行的观察测量活动，以及对相关数据采集、传输、分析和评价的活动。

海洋观测环境 oceanographic observation environment

为保证海洋观测活动正常进行，以海洋观测站（点）为中心，以获取连续、准确和具有代表性的海洋观测数据为目标所必需的最小立体空间。

海洋观测技术 ocean observation technology

观察和测量海洋各种要素所用的技术。

海洋观测设施 oceanographic observation facilities

海洋观测站（点）所使用的观测站房、雷达站房、观测平台、观测井、观测船、浮标、潜标、海床基、观测标志、仪器设备、通信线路等及附属设施。

海洋观测站 oceanographic observation stations

又称"海洋观测点"（oceanographic observation points），为获取海洋观测资料，在海洋、海岛和海岸设立的海洋观测场所。

海洋管理 marine management；ocean management

各级涉海管理机构采用法律、政策、行政和经济手段进行的管理活动。

海洋规划与规划管理 marine planning and planning management

对海洋基本法律、法规、政策和规划的起草、拟定及管理活动，包括：海岸带、海岛、内海、领海与毗连区、大陆架、专属经济区及其管辖海域的海洋基本法律、法规和政策；海洋功能区划、海洋开发规划、海洋环境保护与整治规划、海洋科技规划、海洋经济发展规划等。

海洋国际组织 marine international organization

由联合国或其他国际组织所设立的国际性涉海机构，如 IOC（政府间海洋学委员会）。

海洋国土 marine territory

在国家主权管辖下的一个特定的海域及其上空、海床和底土。它既包括一个国家的内海、领海中属于国家领土、归其主权管辖的海域，同时，按照《联合国海洋法公约》的规定，还包括该国管辖的不属于主权范围的专属经济区（EEZ）和大陆架。海洋国土是一国内海、领海、毗连区、专属经济区、大陆架等所有管辖海域的形象总称，是一个集合概念。

海洋行业团体 marine trades group

海洋行业组成的社会团体，如海洋渔业学会、渔业协会、海洋船舶协会、海洋药物学会等。

海洋航海专用仪器制造 manufacture of marine navigate special instruments

航海的导航、制导、测量仪器和仪表及类似装置的制造，如定向罗盘等。

海洋和海岸自然生态系统保护 sea and coast natural ecosystem protection

对包括河口生态系统、潮间带生态系统、盐沼（咸水、半咸水）生态系统、红树林生态系统、海湾生态系统、海草床生态系统、珊瑚礁生态系统、上升流生态系统、大陆架生态系统、岛屿生态系统等类型的自然保护区进行的管理活动。

海洋划界 marine delimitation

沿海国通过协议划定彼此间的海上边界。对领海而言，如果有关国家之间无协议，则通过中间线来实现（《联合国海洋法公约》第15条）。

海洋化肥批发 wholesale of marine chemical fertilizer

海洋化肥的批发和进出口，如钾肥、镁肥、复混肥料。

海洋化工日用产品制造 manufacture of marine chemical commodity products

以海洋化工产品为原料制造日用化学产品的生产活动，如以碱、氯化钾为原料制造肥皂及合成洗涤剂；以卡拉胶为添加剂制造化妆品、口腔清洁用品等。

海洋化工业 marine chemistry industry

以海水中提取的海盐、溴、钾、镁等化学物质为原料，加工生产烧碱、纯碱和钾肥等化工产品的生产行业。

海洋化工专用产品制造 marine chemistry special products manufacturing

以海洋化工产品为原料，制造专用化学用品的生产活动，如以氯化镁、溴素为原料制造灭火剂、阻燃剂；以氢氧化镁为原料制造水处理化学用品等。

海洋化学 marine chemistry

研究海洋中各种物质的化学组成、化学性质、化学过程、各种界面上的通量以及海水资源开发利用中的化学问题的学科。

海洋化学工程技术研究 marine chemical engineering technology research

对海洋化学工程技术进行的研究与试验发展活动。

海洋化学农药制造 marine chemical pesticide manufacturing

利用海洋化工产品（如溴素）为原料生产化学农药的活动，如二溴磷原药。

海洋环境 marine environment

地球上海和洋的总水域，按照海洋环境的区域性可分为河口、海湾、近海、外海和大洋等，按照海洋环境要素可分为海水、沉积物、海洋生物和海面上空大气等。

海洋环境保护 marine environmental protection

采用科技、行政、法律等手段，管理和整治海洋环境，预防和控制海洋污染，保护和改善海洋生态环境的一切活动。

海洋环境保护法规 marine environmental protection laws and regulations

　　以保护海洋环境不受污染为目的的国际法、公约和规则的统称。

海洋环境保护管理 marine environmental protection management

　　对一国管辖海域、沿海陆域内从事影响海洋环境活动的监督管理，以及对海洋环境的调查、监测、监视和评价等进行的组织管理活动。

海洋环境保护技术 marine environmental protection technology

　　解决海洋环境污染和海洋生态破坏，维持人类与环境协调发展的技术。

海洋环境保护业 marine environmental protection industry

　　通过海洋环境的监测管理、海洋环保技术与装备的开发应用而进行的海洋自然环境保护、治理和生态修复整治活动。

海洋环境地质调查与勘查 geology research and exploration of marine environment

　　海洋环境的地质调查与勘查活动。

海洋环境工程技术研究 marine environmental engineering technology research

　　对海洋环境工程技术进行的研究与试验发展活动。

海洋环境管理 marine environmental management

　　以海洋生态环境平衡和海洋资源环境的可持续利用为目标，运用行政、法律、经济、科技技术等手段，防止、减轻和控制海洋环境损害或退化的行政行为。

海洋环境监测 marine environmental monitoring

　　对海洋环境要素或指标，有计划地进行系统的观测、监视。

海洋环境监测预报服务 marine environmental monitoring and forecasting services

对海洋环境要素进行观测、监测、调查、预报等的服务活动。

海洋环境监测专用仪器仪表制造 marine environmental monitoring special instrument and apparatus manufacturing

对海洋环境进行监测的专用仪器仪表的制造，如水质测试仪、水质污染遥测系统等。

海洋环境科学 marine environmental sciences

研究海洋环境中的各类污染物、污染源、污染扩散机制、污染的原因和后果、污染的控制和防治等的一门学科。

海洋环境流体动力学 marine environmental hydrodynamics

研究海洋环境中的流体动力过程及其演变规律的学科。

海洋环境容量 marine environmental capacity

在充分利用海洋自净能力并且不造成海洋污染损害的前提下，某一海域所能接纳的污染物最大负荷量。

海洋环境污染处理专用材料制造 marine environmental pollution treatment and special materials in the manufacturing

海水利用、海洋化工、海洋生物医药等生产过程中的污水处理所用的化学药剂及材料的制造，如水处理药剂（絮凝剂、污泥脱水剂、防垢剂），以及水处理材料，如填料、生物滤池用滤料、膜材料。

海洋环境污染防治专用设备制造 marine environmental pollution control equipment manufacturing

海洋环境污染防治的专用设备的制造，如水污染防治设备、废弃物处理设备等。

海洋环境污染损害 marine environmental pollution damage

直接或者间接地把物质或者能量引入海洋环境，产生损害海洋生物资源、危害人体健康、妨害渔业和海上其他合法活动、损害海水使用素质和减损环境质量等有害影响。

海洋环境要素 marine environmental element

海洋环境系统的基本环节，海洋环境结构的基本单元。

海洋环境要素预报 marine environmental element forecasting

对海浪、海温、潮汐、潮流、适宜度等海洋环境要素和海面气象要素的预报活动。

海洋环境预报 marine environmental forecasting；marine environmental prediction

根据观测资料和特定的方法，对某海区未来的海洋水文状况和海水运动状况作出定性的或定量的预测。

海洋环境预报服务 forecast services of marine environment

对海洋环境各要素进行的预报服务活动。

海洋环境预报预测 marine environmental forecasting and prediction

对未来海洋环境的变化和海洋灾害预先做出公示所用的技术。

海洋环境噪声 ambient noise of the sea

在海洋中由水听器接收到的除自噪声以外的一切噪声。包括海洋噪声、生物噪声、地震噪声、雨噪声和人为噪声（航海、工业、钻探）等噪声。

海洋环境质量 marine environmental quality

人类从适宜生存和繁衍以及社会经济发展考虑，对海洋环境的总体或它的水质、底质以及生物等提出的优劣程度的要求。

海洋环流 ocean circulation

海域中的海流形成首尾相接且相对独立的环流系统或流旋。

海洋混合层 marine mixed layer

有海水混合过程的水层。

海洋混响 marine reverberation

起伏海面、不平整海底及海水介质内部不均匀体上，声波传播过程中反向散射在接收点上产生的信号。

海洋货运港口 marine freight port

包括港口船舶货物装卸服务，港口货物停放、堆存服务，港口船舶引航活动，港口拖船服务，海上运输货物打包、集装箱装拆服务，货运船舶停靠和物资供应服务。

海洋机动渔船 marine power-driven fishing vessels

配置机器作为动力的从事海洋渔业生产和辅助渔业生产的船舶。计量单位：艘。

海洋基本环流 general ocean circulation

又称"海洋总环流"，参见海洋总环流。

海洋基础软件服务 marine foundation software services

为海洋生产、管理提供应用软件设计、编制、分析及测试方面的服务，包括系统软件、数据库软件、图像处理等。

海洋集装箱制造 marine container manufacturing

海洋交通运输专用集装箱的制造。

海洋计算机系统管理 marine computer system management

为海洋生产、管理、服务提供计算机系统的设计、集成、安装等方面的服务。

海洋技工学校教育 marine mechanic school education

各种设有海洋专业的技工学校教育活动。

海洋技能培训 marine skills training

各种设有海洋专业的技能培训活动。

海洋技术 marine technology；ocean technology

研究海洋自然现象及其变化规律、开发利用海洋资源和保护海洋环境所使用的各种方法、技能和设备的总称。

海洋技术服务业 marine technical services industry

为海洋生产与管理提供专业技术和工程技术，以及相应的科技推广与交流的服务活动。

海洋技术检测 marine technology detection

海洋技术监测、检验、测试、质量认证、成果鉴定、标准制定等活动。

海洋技术推广服务 extension service of marine technology

将海洋新技术、新产品、新工艺直接推向市场而进行的相关技术活动，以及技术推广和转让活动。

海洋价值观 marine value

人类对海洋观察和开发利用实践积累的全部知识，经过正确地、科学地概括（或抽象）而形成的海洋用之于人类生存和发展积极作用的总体认识，是对海洋在经济与社会发展中的地位、作用的归纳。

海洋减灾 marine disaster reduction

包括对海洋灾害的监测、预报、警报、防灾、抗灾、救灾及灾后恢复重建等，以减少和减轻海洋灾害所造成的损失。

海洋交通运输工程技术研究 marine transportation engineering technology research

对海洋交通运输工程技术进行的研究与试验发展活动。

海洋交通运输业 marine communications and transportation industry

以船舶为主要工具从事海洋运输以及为海洋运输提供服务的活动。

海洋交通运输业管理 management of marine transportation industries

各级政府部门对海洋运输相关事务的管理活动。

海洋教育 marine education

依照国家有关法规开办海洋专业教育机构或海洋职业培训机构的活动。

海洋金融担保服务 marine financial guarantee services

为海洋生产提供的金融担保活动。

海洋金融投资服务 marine financial and investment services

为海洋生产提供资金、信贷的金融活动。

海洋金融外汇服务 marine foreign exchange financial services

为海洋生产提供的金融外汇活动。

海洋金属船舶制造 marine metal ship manufacturing

以钢、铝等金属为主要材料制造海洋船舶的活动。

海洋经济 ocean economy

开发、利用和保护海洋的各类产业活动，以及与之相关联的活动的总和。

海洋经济统计通用指标 statistical general indicator of marine economy

针对各类产业的普遍共性提取的各类涉海企业和单位共同拥有的指标。

海洋经济统计业务指标 statistical operational indicator of marine economy

针对海洋产业的各自业务特点，按照各海洋产业业务经营特性而设计的指标。

海洋经济作物种植 marine economic crops planting

在海涂范围以内，以围垦形式进行的经济作物种植，包括蔬菜、花卉、水果等。

海洋开发 ocean exploitation

应用各种技术手段和设施，开发利用各种海洋资源，使海洋的潜在价值转化为实际经济价值、社会效益和生态效益的一切活动。

海洋开发评估服务 assessment services of marine development

对海洋开发评估的服务活动。

海洋科技服务课题 marine science and technology services subject

与科学研究与实验发展有关，并有助于科学技术知识的产生、传播和应用的活动。包括为扩大科技成果的使用范围而进行的示范性推广工作；为用户提供科技信息和文献服务的系统性工作；为用户提供可行性报告、技术方案、建议及进行技术论证等技术咨询工作；自然、生物现象的日常观测、监测，资源的考查和勘探；有关社会、人文、经济现象的通用资料的收集，如统计、市场调查等，以及这些资料的常规分析与整理；为社会和公众提供的测试、标准化、计量、计算、质量控制和专利服务，不包括工商企业为进行正常生产而开展的上述活动。计量单位：项。

海洋科技交流服务 marine scientific and technological exchanges services

为海洋科技活动提供的社会化服务与管理活动，包括海洋科技信息交流、海洋技术咨询、海洋技术孵化、海洋科技评估、海洋科技鉴定等。

海洋科学 marine science；ocean science

研究海洋的水体、海底、海岸、海洋邻接大气的自然现象、机体、演化规律和海洋开发利用管理的知识体系，是地球科学的一个重要组成部分。

海洋科学考察服务 marine science investigation services

海洋和极地的科学考察活动。

海洋科学研究 marine scientific research

以海洋为对象，就其基础科学和工程技术等进行的科学研究活动。

海洋可再生资源 renewable marine resources

具有自我恢复原有特性，并可持续利用的一类海洋自然资源。

海洋客运港口 marine passenger port

客运服务公司、客运中心、客运站提供客运服务活动的海港。

海洋空间资源 marine space resources；ocean space resources

与海洋开发利用有关的海岸、海上、海中和海底的地理区域的总称。

海洋矿产勘探专用设备制造 marine mineral exploration and special equipment manufacturing

海洋矿产资源的地质勘探专用设备的制造，如物探钻机等。

海洋矿产勘探专用仪器制造 marine mineral exploration and special instrument manufacturing

海洋矿产资源的地质勘探、钻采等地球物理专用仪器、仪表及类似装置的制造，如岩矿物理性质测量仪及配套附件等。

海洋矿产资源 submarine mineral resources

又称"海底矿产资源"。赋存于海底表层沉积物和海底岩层中的各类矿藏。包括海滨、浅海、深海、大洋盆地和洋中脊底部的各类矿产资源。

海洋矿产资源开发技术 technology of marine mineral resources exploitation

开发蕴藏在海底的石油、天然气及其他矿产资源所使用的方法、装备和设施。

海洋矿业 marine mining

包括海滨砂矿、海滨土砂石、海滨地热与煤矿及深海矿物等的采选活动。

海洋类型自然保护区面积 area of marine nature reserves

依照《自然保护区条例》和《海洋自然保护区管理办法》，批准建立的海洋自然保护区的面积。按照国家级和地方级分类统计。计量单位：平方千米。

海洋类型自然保护区数量 number of marine nature reserves

依照《自然保护区条例》和《海洋自然保护区管理办法》，批准建立的海洋自然保护区的数量。按照国家级和地方级分类统计。计量单位：个。

海洋林木养护 protection of marine forest tree

促进海涂林业生长发育的措施或活动。

海洋林木种植 implantation of marine forest tree

在近海和海涂进行的林木种植活动。

海洋林业服务 marine forestry services

为海涂林业生产提供的各种支持性服务活动。

海洋陆源排污治理 prevention and treatment of marine land-based pollutions

沿海水域、入海河流的污染综合治理活动。

海洋旅游 marine tourism

为人类提供海滨或海上旅行、游览服务的产业。

海洋旅游资源 marine tourism resources; marine tourist resources

在海滨、海岛和海洋中，具有开展观光、游览、休闲、娱乐、度假和体育运动等活动的海洋自然景观和人文景观。

海洋内波 ocean internal waves

在海洋内部发生的波动现象。

海洋能 ocean energy

蕴藏在海洋中的可再生能源，包括潮汐能、波浪能、海洋温差能、海浪能、潮流能和海水盐差能，广义还包括海洋能农场。

海洋能开发技术 technology of ocean energy exploitation

将蕴藏于海洋中的可再生能源转换成电能及其他便于利用与传输的能量的技术。

海洋能利用 utilization of ocean energy

应用科学原理、技术措施和设备装置将海洋能转换成电能或其他形式的可用能的过程。

海洋能源 marine energy resources

海水所具有的潮汐能、波浪能、海（潮）流能、温差能和盐差能等可再生自然能源的总称。

海洋能源开发技术研究 marine energy development technology research

对海洋能源工程技术进行的研究与试验发展活动。

海洋农业服务 marine agricultural services

为海涂农业生产提供的经营管理服务活动。

海洋农作物种植 marine crops planting

在海涂范围以内，以围垦形式进行的农作物种植，包括谷物、油料作物、豆类、棉花等。

海洋批发和零售业 marine wholesale and retail trade industry

海洋商品在流通过程中的批发活动和零售活动。

海洋普通高等教育 marine general higher education

各种设有海洋专业的普通高等教育活动。

海洋气候图 marine meteorological chart

反映海洋范围内气候形成诸因素与组成的特征、变化及相互影响的专题海图。

海洋气团 maritime air mass

广大的海面上及洋面上形成的气团。

海洋气象服务 marine meteorological services

海洋气象观测和服务等活动。

海洋气象学 marine meteorology

研究海洋和它的临近区域上空的大气现象、天气过程以及大气与海洋相互作用的学科。

海洋气象预报服务 marine weather forecasting services

对海洋浪潮和气象的预报服务活动。

海洋气象专用仪器制造 manufacture of marine meteorological special instruments

海洋气象专用仪器和仪表及类似装置的制造。

海洋倾废 marine waste disposal

利用船舶、航空器、平台及其他载运工具,向海洋处置废弃物和其他物质;向海洋弃置船舶、航空器、平台和其他海上人工构造物,以及向海洋处置由于海底矿物资源的勘探开发及其相关的海上加工所产生的废弃物和其他物质。也即选择适宜的海洋空间,利用海洋的自净能力处理废弃物。

海洋倾废区 waste disposal zone at sea

国家海洋主管部门按一定程序,以科学、合理、安全和经济的原则,经论证、选划并经国务院批准公布的专门用于接纳废弃物的特殊海域。

海洋倾废治理 management of marine dumping wastes

对用于接纳废弃物的特殊海域的海水进行处理、处置的活动。

海洋热力学 marine thermodynamics; ocean thermodynamics

研究海水运动的热力过程及其变化规律的学科。

海洋热能 ocean thermal energy

又称"海水温差能",指由海洋表层温水与深层冷水之间的温差所蕴藏的能量。

海洋人文景观 marine humanistic landscape

由人类创造的具有观光、休闲、娱乐、游览价值的海洋景物和遗迹。

海洋人造原油加工制造 marine synthetic crude oil processing and manufacturing

从海滨油母页岩中提炼原油的生产活动。

海洋设备制造业 marine equipment manufacturing industry

为海洋生产与管理活动提供仪器、装置、设备以及配件等的制造活动。

海洋社会保障 marine social security

为海洋从业人员提供的各种社会保障活动，包括基本养老保险、失业保险、医疗保险等。

海洋社会经济属性 social economic attribute of marine

通过人类的社会经济活动赋予海洋的特性。

海洋社会科学研究 marine social science research

对沿海地区人口、社会、经济、法律、文化、历史等社会科学进行的研究活动。

海洋社会团体和国际组织 marine social groups and international organizations

依法在社会团体登记管理机关登记的、与海洋相关的团体或组织。

海洋生产总值 Gross Ocean Product，GOP

海洋经济生产总值的简称，指按市场价格计算的沿海地区常住单位在一定时期内海洋经济活动的最终成果，是海洋产业和海洋相关产业增加值之和。

海洋生态环境非敏感区 marine eco-environment non-sensitive area

海洋生态环境功能目标较低，且遭受损害后可以恢复其功能的海域，包括一般工业用水区、港口水域等。

海洋生态环境敏感区 marine eco-environment sensitive area

海洋生态环境功能目标很高，且遭受损害后很难恢复其功能的海域，包括海洋渔业资源产卵场、重要渔场水域、海水增养殖区、滨海湿地、海洋自然保护区、珍稀濒危海洋生物保护区、典型海洋生态系统（如珊瑚礁、红树林、河口）等。

海洋生态监测指标体系 index system for marine ecological monitoring

应用生态学原理，结合海洋学和海洋生物学的特点，从生态学角度归纳出的能够直接分析和评估海洋自然保护区生态质量状况及其变化趋势的定性和定量监测指标系统。

海洋生态系统 marine ecosystem

海洋生物群落与海底区和水层区环境之间不断进行物质交换与能量传递所形成的统一整体，具有相对稳定功能并能自我调控的生态单元。

海洋生态系统承载力 marine ecosystem bearing capacity

一定条件下海洋生态系统为人类活动和生物生存所能持续提供的最大生态服务能力，特别是资源与环境的最大供容能力。

海洋生态系统动力学 marine ecosystem dynamics

研究海洋生态系统在海洋动力条件驱动下动态变化的学科。

海洋生态系统功能 marine ecosystem function

海洋生态系统中的物质循环、能量流动、信息传递及其调控作用。

海洋生态系统健康 marine ecosystem health

海洋生态系统随着时间的进程有活力并且能维持其组织结构及自主性，在外界胁迫下容易恢复。

海洋生态系统生态学 marine ecosystem ecology

研究海洋生态系统内的结构及其功能的物理过程、化学过程和生物过程的相互作用和相互制约的学科。

海洋生态学 marine ecology

研究海洋生物的生存、发展、消亡规律及其与理化、生物环境间相互关系的学科。

海洋生态灾害 marine ecological disaster

人为因素或自然变异导致的损害海洋和海岸生态系统的灾害。

海洋生物 marine organism

海洋中的各种生物，包括海洋动物、海洋植物、微生物及病毒等，其中海洋动物包括无脊椎动物和脊椎动物。

海洋生物工程技术研究 marine biological engineering technology research

对海洋生物工程技术进行的研究与试验发展活动。

海洋生物光学 marine biooptics

研究受光学影响的生物过程的学科，即对海洋上层受生物过程影响的光学过程研究。

海洋生物技术 marine biotechnology

运用海洋生物学与工程学的原理和方法，利用海洋生物或生物代谢过程，生产有用物质或定向改良海洋生物遗传特性所形成的高技术。

海洋生物群落结构 marine biotic community structure

海洋生物群落的物种组成、空间格局和时间动态等特征。

海洋生物声学 marine bioacoustics

研究海洋生物的声学行为与特性等的学科。

海洋生物图 marine biological chart

反映海洋生物分布情况的专题海图，包括海洋浮游生物图、底栖生物图、鱼类图、鸟类图等。

海洋生物物种保护 marine organism species protection

对海洋珍稀、濒危生物物种的保护。

海洋生物学 marine biology

研究海洋中一切生命现象及其发生、发展规律的学科。

海洋生物药品零售 retail of marine biological medicines

专门经营海洋生物化学药品、中药材及中成药等的零售活动。

海洋生物药品批发 wholesale of marine biological medicines

海洋生物化学药品、中药材及中成药的批发和进出口。

海洋生物药品制造 marine biological drugs manufacturing

以海洋动植物为原料，利用生物技术生产生物化学药品的生产活动，如藻酸双酯钠。

海洋生物医学研究 marine biomedical research

与海洋生物医药有关的研究与试验发展活动。

海洋生物资源 marine living resources; marine biological resources

海洋中具有生命的能自行繁衍和不断更新的且具有开发利用价值的生物。

海洋声道 marine sound channel

声波在海洋中传播速度最小而传播距离最远的通道。声波在海洋声道中传播时，声能损失小，传播距离可达数千千米。

海洋石化产品批发 wholesale of marine petrochemical products

海洋石油化工产品的批发和进出口。

海洋石油产品零售 retail of marine petroleum products

专门经营海洋石油液化气等的零售活动。

海洋石油储油装置制造 manufacture of marine oil storage devices

海洋石油液化气等专用金属容器的制造。

海洋石油化工产品产量 production of marine petrochemical products

以取自滩海或海上的原油为原材料，通过蒸馏、催化裂化、加氢裂化、烷基化、加氢精制、电化学精制及润滑油加工等生产的产品数量。海洋石油化工产品包括有机中间体、烃类及其卤化衍生物等。计量单位：吨。

海洋石油化工产品制造 manufacture of marine petrochemical products

以海洋石油为原料，制造有机中间体、烃类及其卤化衍生物等的生产活动。

海洋石油及制品批发 wholesale of marine petroleum and product

海洋石油和天然气、海洋石油制品的批发和进出口。

海洋石油勘探专用设备制造 offshore oil exploration special equipment manufacturing

海洋石油和天然气的地质勘探专用设备的制造。

海洋石油勘探专用仪器制造 offshore oil exploration instrument manufacturing

海洋石油和天然气的地质勘探、钻采等地球物理专用仪器、仪表及类似装置的制造，如海洋石油钻探测井仪器等。

海洋石油生产配套设备制造 offshore oil production and matching equipment manufacturing

包括海洋石油平台保护用品、海洋石油专用缆索和管材等的制造。

海洋石油天然气地质勘查 geology exploration of marine petroleum and natural gas

海洋石油和天然气等能源的地质勘查活动。

海洋饰品制造 marine accessories manufacturing

以海洋动植物为原料，经加工制作各种装饰品的活动，如珍珠饰品等。

海洋数据处理服务 services of marine data processing

为海洋生产、管理提供数据录入、加工、存贮等方面的服务。如海洋环境实时、非实时资料的收集、处理、存档和供应的服务活动。

海洋水产良种服务 services of marine aquatic improved varieties

为海水养殖提供优良品种的服务活动。

海洋水产品罐头制造 manufacture of marine canned aquatic product

海洋水产品的硬包装和软包装罐头制造，以及在船舶上从事海洋水产品罐头的加工活动。

海洋水产品加工机械制造 marine aquatic products processing machinery manufacturing

包括鱼类处理及加工机械、虾类加工机械、贝类加工机械、藻类和海带加工机械、海蜇加工机械等的制造。

海洋水产品金属包装容器制造 marine aquatic products metal packaging containers manufacturing

主要为海洋水产品运输或包装而制作的金属包装容器及附件的制造。

海洋水产品冷冻加工 frozen processing of marine aquatic products

为了保鲜，将海水养殖或捕捞的鱼类、虾类、甲壳类、贝类、藻类等水生动植物进行冷冻加工的活动。

海洋水产品零售 marine aquatic products retail

专门经营海洋水产品的零售活动。

海洋水产品批发 marine aquatic products wholesale

海洋水产品和水产加工品的批发和进出口，水产品包括新鲜水产品和冷冻水产品，水产加工品包括鱼松、鱼片、鱼丸、鱼酱等。

海洋水产品专用制冷设备制造 manufacture of marine aquatic products refrigeration equipments

海洋水产品冷冻冷藏设备制造。

海洋水产饲料制造 manufacture of marine aquaculture feed

用鱼骨、虾、贝等海洋水产品生产饲料的加工活动。

海洋水产养殖饲料制造 manufacture of marine aquaculture feedstuff

海洋水产养殖用饲料的制造。

海洋水产养殖药品制造 manufacture of marine aquaculture drug

海洋水产养殖用药品的制造。

海洋水产资源 marine fishery resources

又称"海洋渔业资源"，参见海洋渔业资源。

海洋水文动力环境影响 environmental impact on marine hydrodynamics

建设项目（包括新建、扩建、改建工程）对海洋水文动力（包括波浪、潮汐、海流等）环境产生的影响。

海洋水文图 ocean hydrological chart

以表示海水的物理性质和动力性质为主要内容的专题海图。

海洋水文学 marine hydrography；marine hydrology

研究海水起源、分布、循环、运动等变化规律的学科。

海洋水文专用仪器制造 manufacture of marine hydrology instruments

海洋水文专用仪器和仪表及类似装置的制造，如水道测量仪器等。

海洋水下技术 undersea technology

研究和发展在海洋水下环境条件下的工程技术，包括潜水技术、水下作业施工、潜水器开发、打捞技术等。

海洋特别保护区 marine special reserves

对具有特殊地理条件、生态系统、生物与非生物资源及海洋开发利用特殊需要的区域采取有效的保护措施和科学的开发方式进行特殊管理的区域。

海洋特别保护区功能分区 functional zonation of marine special reserves

根据海域及海岛的自然资源条件、环境状况、地理区位、开发利用现状，并考虑地区经济与社会持续发展的需要，在海洋特别保护区内划分各类具有特定主导功能，有利于资源保护与合理利用，能够发挥最佳效益的区域。

海洋特别保护区管理 marine special reserves management

对海洋环境中在自然资源、海洋开发和海洋生态方面对国家和地方有特殊重要意义，需要特别管理和保护，实现资源可持续利用的区域的管理。

海洋特别保护区面积 area of marine special reserves

依照《海洋特别保护区管理办法》，批准建立的海洋特别保护区的面积。按照国家级和地方级分类统计。计量单位：平方千米。

海洋特别保护区数量 number of marine special reserves

依照《海洋特别保护区管理办法》，批准建立的海洋特别保护区的数量。按照国家级和地方级分类统计。计量单位：个。

海洋天气预报 marine weather forecasting

对特定海区或沿海地区未来某一时期内的天气及其密切相关的海洋现象做出定性或定量的预测。

海洋天然气产量 production of marine natural gas

包括进入集输管网的销售量和就地利用的全部气量。天然气产量＝外输（销）量＋企业自用量。计量单位：万立方米。

海洋天然气开采 exploration of marine natural gas

在海上和滩海进行的天然气开采活动。

海洋图书馆 marine libraries

专门的海洋类图书馆、资料馆、文献馆的管理和服务活动，包括海洋数字图书馆。

海洋湍流 oceanic turbulence

海洋中尺度不等的海水流体块，随时发生外观极不规律运动的现象。在统计学上认为是在一定时间的平均运动上，叠加瞬时不规律随机脉动的一种运动。

海洋危险废物治理 disposal of marine hazardous wastes

对排放入海的工业活动产生的危险废物进行处理、处置等活动。

海洋微生物生态学 marine microbial ecology

研究海洋生态系统中微生物与环境（包括生物与非生物环境）之间相互作用的学科。

海洋卫星服务 maritime satellite services

人造卫星为海洋观测、海洋研究、海洋环境调查、海洋资源开发利用等提供的信息服务。

海洋温差能发电 ocean thermal energy power generation

将海洋温差能转化成电能的生产活动。

海洋温盐差能原动机制造 ocean thermal and salinity energy prime mover manufacturing

利用温差、盐差能源发电的原动机的制造。

海洋文化 marine culture

人类在探索、开发、利用海洋的历史长河中，创造的一种具有精神的、行为的、社会的和物质的文明生活内涵，是中华民族文化的重要组成部分。

海洋文物及文化保护 marine cultural relics and cultural protection

沿海地区具有历史、文化、艺术、科学价值并经有关部门鉴定列入文物保护范围的不可移动文物，以及海洋民间艺术、民俗等海洋文化的保护和管理活动。

海洋污染 marine pollution

人类活动排放的污染物进入海洋中，破坏海洋生态系统，引起海水质量下降的现象。

海洋污染生态恢复 ecological restoration of marine pollutions

对污染海域的治理与生态恢复整治活动。

海洋物理学 marine physics

研究海洋的物理特性及其变化规律的学科。

海洋细微结构 fine and microstratification of ocean

垂向尺度在分子耗散尺度至 100 米之间的海洋要素分层现象。

海洋相关产业 ocean-related industry

以各种投入产出为联系纽带，与海洋产业构成技术经济联系的产业。

海洋新闻 marine news

对海洋活动的采访报道活动。

海洋信息服务业 marine information service industry

包括海洋图书馆与档案馆的管理和服务、海洋出版服务、海洋卫星遥感服务、海洋电信服务、计算机服务以及其他海洋信息服务活动。

海洋信息技术 marine information technology

对海洋信息进行科学管理、统计分析及综合服务的技术。

海洋行政执法 marine administrative law enforcement

在一国管辖海域（包括海岸带）实施巡航监视，对侵犯海洋权益、违法使用海域、损害海洋环境与资源、破坏海上设施、扰乱海上秩序等违法违规行为所进行的行政监理、稽查、检查、查处等活动。

海洋宣传品出版 publication of marine propaganda materials

海洋活动的宣传品出版活动，如宣传画、宣传图片等。

海洋学 oceanography；oceanology

研究海洋的自然现象、机体、变化规律及其与大气、海岸、海底相互作用的一门学科。

海洋盐业 marine salt producing industry

利用海水生产以氯化钠为主要成分的盐产品的活动。

海洋遥感 ocean remote sensing

用装载在远离目标的平台上的遥感仪器对海洋的要素进行非接触测量的技术。

海洋遥感服务 marine remote sensing services

利用装载于飞行器平台上的传感器，摄取海洋景观和海洋要素的图像或数据资料的服务。

海洋药物和生物制品产量 productions of marine drugs and biological products

从海洋生物提取药用价值物体，加工制作医药和生物制品的产品数量。

海洋药物资源 marine drug resources

海洋中可供药用的植物、动物、矿物资源。

海洋音像制品出版 publication of marine audio and video products

海洋活动音像制品的出版活动。

海洋应用软件服务 marine application software services

为海洋生产、管理提供应用软件设计、编制、分析及测试方面的服务，包括财务、税务、工业控制、信息检索等。

海洋油气管道运输 marine oil and gas pipeline transportation

通过管道对海洋石油和天然气的运输活动。

海洋油气业 offshore oil and gas industry

在海洋中勘探、开采、输送、加工石油和天然气的生产和服务活动。

海洋油气业管理 management of marine oil and gas

有关行业主管机构对海洋油气事务的管理活动。

海洋油气资源 offshore hydrocarbon resource

由地质作用形成的具有经济意义的海底烃类矿物聚集体。

海洋有机化学产品制造 marine organic chemistry products manufacturing

以海洋石油化工产品（如石脑油）为原料，制造烃类及其卤化衍生物的生产活动。

海洋有机污染 marine organic pollution

由于自然或人为活动等原因产生的有害有机物质在海洋环境中聚集所造成的危害。

海洋有机物环境化学 environmental chemistry of marine organic matter

研究有机物质在海洋环境中所发生的化学现象以及对环境和生态系统产生影响的学科。

海洋鱼糜制品及水产品干腌制加工 dry salting processing of ocean surimi products and aquatic products

海洋鱼糜制品制造，以及海洋水产品的干制、腌制等加工活动。

海洋鱼油提取及制品的制造 marine fish oil extraction and related products manufacturing

从海鱼或鱼肝中提取油脂，并生产制品的活动。

海洋娱乐和运动船舶建造 marine recreation and sport ship construction

海上游艇和用于海上娱乐或运动的船只的制造与修理，如赛艇、帆船、游艇、汽艇、钓鱼船和其他娱乐船等。

海洋娱乐设施与景观工程建筑 marine recreational facilities and landscape construction

海上公园、游乐园、水上游乐场所及配套设施，以及海洋景观开发工程的施工活动。

海洋渔绳渔网制造 manufacture of marine fishing ropes and nets

各种渔用绳、索具、缆绳、合股线的生产活动，包括金属和非金属渔用丝、绳、渔网等。

海洋渔业 marine fishery

包括海洋养殖、海洋捕捞、海洋渔业服务以及海洋水产品加工等活动。

海洋渔业导航设备制造 manufacture of marine fishery navigation equipments

海洋渔业导航、制导、定位仪器仪表的制造。

海洋渔业管理 marine fishery managements

各级政府部门对海洋渔业事务的管理活动。

海洋渔业机械批发 wholesale of marine fishery machineries

海洋渔业及相关服务业的机械设备的批发和进出口。

海洋渔业机械与配件制造 manufacture of marine fishery machineries and accessories

海水养殖、海洋捕捞等专用设备与配件的制造及修理。

海洋渔业设施工程建筑 engineering construction of marine fishery facilities

海水养殖场、大型人工鱼礁工程的建筑施工活动。

海洋渔业资源 marine fishery resources

又称"海洋水产资源"，指海域中具有开发利用价值的动植物。包括海洋鱼类、甲壳类、贝类和大型藻类资源等。

海洋预报 oceanographic prediction

对潮汐、盐度、海温、海浪、海流、海冰、海啸、风暴潮、海平面变化、海岸侵蚀、咸潮入侵等海洋状况和海洋现象开展的预测和信息发布的活动。

海洋原油产量 productions of marine crude oil

按净原油量来计算的，能直接用于销售和生产自用的海洋原油量。目前海洋石油系统原油产量计算方法采用倒算法。计量单位：万吨。

海洋原油加工及石油制品制造 marine crude oil processing and petroleum products manufacturing

从海洋石油中提炼液态或气态燃料，以及海洋石油制品的生产活动。

海洋原油开采 extraction of marine crude oil

在海上和滩海进行的原油开采活动。

海洋远洋机动渔船 oceangoing power-driven fishing vessels

由各远洋渔业企业和各生产单位按我国远洋渔业项目管理办法，在非我国管辖水域（外国专属经济区水域或公海）进行常年或季节性生产的渔船。计量单位：艘。

海洋运输代理服务 proxy services of marine transportation

与海洋运输有关的代理及服务活动。

海洋灾害 marine disaster

海洋自然环境发生异常或激烈变化，导致在海上或海岸带发生的严重危害社会、经济和生命财产的事件。海洋灾害主要有：风暴潮灾害、大风大浪灾害、海冰灾害、海雾灾害和海底地震与火山喷发引起的灾害等。人为活动导致的海洋自然条件改变而引发的灾害，称为人为海洋灾害。

海洋灾害管理 management of marine disaster effect

对海洋灾害进行的灾情调查、评估，灾情统计报表和发布等的工作。

海洋灾害监测 monitoring and surveying of marine disasters

监测、监视灾害发生、发展过程以及各种相关因素动态变化，包括对海洋、大气、地壳活动等致灾因子和各种海洋灾害发展过程的监测。

海洋灾害生态恢复 ecological restoration from marine disasters

对海洋灾害（如风暴潮、赤潮、海啸等）造成海洋生态环境破坏的恢复整治活动。

海洋灾害预报和警告 marine disaster forecasting and/or warning

对可能发生的灾害及时间、地点、影响范围、强度和损失程度等进行预报或发布警报的工作。

海洋灾害预警服务 alerting services of marine disasters

对海洋灾害的预警、预报服务活动。

海洋灾害预警预报 marine disaster warning and forecasting

对风暴潮、海啸、巨浪、海冰、海平面上升、海洋气候异常、赤潮、海洋地质灾害等海洋灾害的预警预报服务活动。

海洋噪声 sea noise

由于自然原因，如波浪、降雨、湍流、生物活动、分子热运动等在海洋中产生的噪声。

海洋蒸发热 marine heat of evaporation

使 1 克海水化为同温度的蒸汽时所需热量的卡数。海水的蒸发热与纯水的蒸发热相差甚微。

海洋政策 marine policy

沿海国家为实现其海洋事业的发展目标、战略、方针、发展规划和处理涉外关系所制定的行动准则。

海洋职业培训 marine vocational training

各种设有海洋专业的职业培训活动。

海洋职业中学教育 marine vocational high school education

各种设有海洋专业的职业中学教育活动。

海洋植物 marine plant

含有叶绿素，能进行光合作用生产有机物的自养型海洋生物。

海洋中成药制造 manufacture of marine proprietary Chinese medicines

以海洋动植物为原料直接用于人体疾病防治的传统药的制造。

海洋中等专业教育 marine middle professional education

各种设有海洋专业的中等专业教育活动。

海洋专业点数 number of marine professional

高等教育和中等职业教育所设的与海洋有关的专业数量。按照海洋专业博士、硕士，普通高等教育本科、专科，成人高等教育，中等职业教育分类统计。计量单位：个。

海洋专业团体 marine terminological group

由海洋相关领域的成员、专家组成的社会团体，如海洋学会、大洋协会等。

海洋资源 marine resources

海洋中可以被人类利用的物质、能量和空间。按其属性分为海洋生物资源、海底矿产资源、海水资源、海洋能源和海洋空间资源；按其有无生命分为海洋生物资源和海洋非生物资源；按其能否再生分为海洋可再生资源和海洋不可再生资源。

海洋资源调查 marine resources investigation

运用各种现代化的新技术、新方法和新手段，对我国的领海及管辖海域的资源环境的基本特征、资源开发利用现状、开发利用前景，以及海洋环境和地质灾害情况进行综合调查理解及评价分析。

海洋资源经济评价 economic evaluation for marine resources

应用一定的理论和方法，对海洋资源的经济价值和开发利用的生态、经济效益进行以货币为计算单位的估价和评判。

海洋资源开发成本 cost of marine resource exploitation

开发海洋资源过程中的物质资本投放、人力资本投入和自然资本耗用的费用或代价的总和。

海洋资源开发效益 benefit of marine resource exploitation

开发海洋资源所获得的经济效益以及所产生的生态环境效益和社会效益的总称。

海洋资源所有权 ownership of marine resources

国家对其主权管辖海域的资源、空间的所有权、使用权、收益权和处分权。

海洋资源图 chart of marine resources

反映海洋资源分布情况的专题海图，包括海洋生物图和海洋矿产图等。

海洋自净能力 marine environmental self-purification capability

海洋能容纳消化污水或污染物的能力。这种能力主要是依靠海洋本身的巨大容积和海水的流动，以及海水中的地质、化学和生物作用，它们都可以在不同程度上稀释、消散污水和污染物可能造成的种种危害。海洋自净能力是人类的一项宝贵资源。

海洋自然保护区 marine nature reserves

以海洋自然环境和资源保护为目的，依法把包括保护对象在内的一定面积的海岸、河口、海湾、岛屿、沿海滩涂、沿海湿地或海域划分出来，进行特殊保护和管理的区域。

海洋自然保护区的生态监测 ecological monitoring of marine nature reserves

按照预先设计的时间和空间，采用可以比较的技术和方法，对海洋自然保护区内的生物种群、群落及其非生物环境进行连续观测和生态质量评价的过程。

海洋自然景观 marine natural landscape

具有观光、休闲、娱乐、游览价值的海洋天然景观。主要包括海岸景观、海岛景观、海洋生态景观、海底景观、水下山岳景观等。

海洋自然科学研究 marine scientific research

对海洋学科进行的理论研究与创新活动，包括海洋水文、海洋气象、海洋物理、海洋化学、海洋生物、海洋地质等。

海洋自然属性 natural attribute of marine

海洋本身固有的自然属性。

海洋自然遗迹和非生物资源保护 marine natural monuments and nonliving resources protection

包括海洋地质遗迹、海洋古生物遗迹、海洋自然景观、海洋非生物资源等自然保护区的保护活动。

海洋总环流 general ocean circulation

又称"海洋基本环流"，全球海洋的海水流型的总体，通常指大范围内海水运动的平均状态。

海域 sea area

海洋中特定的水体范围。

海域承载力 sea area bearing capacity

海域承载力是指一定的海洋区域在可预见期内,在确保海洋资源合理利用和海洋生态环境良性循环的条件下,为实现社会福利最大化,通过自我维持与自我调节,能够支持人口、环境和经济协调发展的最大程度或阈值。

海域出让金 the income of sea rental by the provincial government

省级政府依法将国家所有的海域使用权在一定年限内出让给单位和个人所收取的价款。所谓一定年限是指通过招标或者拍卖的海域使用权最高年限。所谓依法是依据《海域使用管理法》的规定。

海域界线起始点 start point of the sea boundaries

海域界线起始点一般为海岸界点。最靠近海岸的陆域县级行政区域界点为河口时,海域界线起始点应为自陆域县级行政区域界线向海一侧最靠近海岸的界点沿河道中心线或主航道中心线与河口两岸最突出点连线的交点。

海域界线终点 end point of the sea boundaries

在国家已公布领海基点的海域,县际间海域行政区域界线的终点止于领海外部界限。在国家尚未公布领海基点的海域,县际间海域行政区域界线的终点为自海岸线沿大体垂直海岸线方向向海延伸 12 海里。

海域使用 usage of sea area

在内水、领海持续使用特定海域三个月以上的排他性用海活动。包括渔业用海、交通运输用海、工矿用海、旅游娱乐用海、海底工程用海、排污倾倒用海、围海造地用海、特殊用海及其他用海。

海域使用分类 classification of sea area use

按照一定的原则，划分海域使用类型并界定其用海方式。

海域使用管理 management on sea area use

国家为了保护海洋资源和生态环境，确保海域资源的科学、合理利用，而对持续使用特定海域三个月以上的排他性用海活动所采取的控制行为。

海域使用金征收额 collection amount of marine area use payment

报告期内实际征收的海域使用金金额，等于已缴国库金额，是"新增项目征收金额"和"原有项目征收金额"的合计值。计量单位：万元。

海域使用权 right of sea area use

单位或个人以法定方式取得的对国家所有的特定海域的排他性支配权利。

海域使用权证 license of sea area use

单位或者个人依法取得对国家所有的特定海域使用权的法律凭证，即单位或个人使用海域的申请被批准或者通过招标、拍卖方式取得海域使用权后，应当办理登记手续，由国务院或地方人民政府依照法律规定登记注册，并向海域使用权人颁发海域使用权证书。

海域使用权转让 right of sea area use transfer

海域使用权人将依法取得的海域使用权，通过买卖、互易、赠与等途径让与他人，从而获取一定利益的行为。

海域所有权 ownership of sea area

对海洋区域的管制、使用、收益及资源开发等权利的归属。我国法律规定，中华人民共和国海域属于国家所有，国务院代表国家行使海域所有权。

150

海域租金 rent of sea area to the national government

使用国家海域的单位和个人，依照《海域使用管理法》规定，按年度逐年向国家缴纳海域使用金，其实质是地租。

海渊 deep；fosse

深度超过 6 000 米、轮廓清楚的深海凹地。多数位于海沟中，海沟中已测得的最深陷部分，通常以发现它的船只命名。

海运航道疏浚 seaway dredging

为保证海运航道畅通所进行的疏浚与护理活动。

海葬服务 sea-burial services

与海葬有关的各类服务。

海藻 marine algae；seaweeds

海产藻类的统称，通常固定于海底或某种固体结构上，是基础细胞所构成的单株或一长串的简单箱物。主要特征为：无维管束组织，没有真正根、茎、叶的分化现象；不开花，无果实和种子；生殖器官无特化的保护组织，常直接由单一细胞产生孢子或配子；以及无胚胎形成。

海藻化工产品产量 production of seaweed chemical products

利用化学方法从海藻中提取碘、碘酸钾、海藻胶、甘露醇、卡拉胶等化学物质作为原料进行的一次加工产品数量。计量单位：吨。

海藻化工产品制造 seaweed chemical product manufacturing

利用化学方法从海藻中提取碘、碘酸钾、海藻胶、甘露醇、卡拉胶等化学物质，用于海洋化学制品的生产。

海藻学 marine phycology

研究海藻的形态构造、生理功能、繁殖方式、系统发育、生态和分类等方面的学科。

海中声速 marine sound velocity

声音在海水中的传播速度。海中声速是盐度、温度和压力的函数。

海中岩峰 marine pinnacle

面积很小，突出海面较高的柱状基岩。

航标 navigational markers

供船舶定位、导航或者用于其他专用目的的助航设施，包括视觉航标、无线电导航设施和音响航标。

航道用海 sea area use for waterway

交通部门划定的供船只航行使用的海域（含灯桩、立标及浮式航标灯等海上航行标志所使用的海域），不包括渔港航道所使用的海域。用海方式为专用航道、锚地及其他开放式。

航海气象学 nautical meteorology

研究气象条件与航海的相互关系的学科，为气象学结合海洋学应用于航海的一个重要方面。

航海通告 notice to mariners

报道海区航标、障碍物等变化情况及航海图书出版消息的文件。

航海图 nautical chart

保证航行安全的海图。一种发展最早、数量最多的海图，用于制定航行计划、选择锚地、航行定位与标绘航线。

航路 route

又称"航线"，参见航线。

航线 route

又称"航路"，船只由起航点至预定到达点的航行路线。

耗散结构 dissipative structure

系统在远离平衡态条件下，通过与外界进行交换及组分间非线性关系所形成的一种新型有序组织结构。

耗散结构论 dissipative structure theory

比利时著名科学家普利高津（Ilya. Prigogine）于 1969 年创立的，来源于物理、化学研究。它赖以建立的几个典型实验是：贝纳德流体实验、激光和化学震荡反应等。这些实验现象和生物体有相同的特征，即有序结构的形成和维持需要耗散能量与物质，因此，普利高津把这类结构称为耗散结构，而耗散结构论就是研究耗散结构的形成、稳定、演化及其性质的理论。按照耗散结构理论，一个宏观有序状态的自发产生和维持，至少需要三个条件：（1）系统必须是开放的，开放系统是产生有序结构的前提；（2）系统必须处于远离平衡的条件下，非平衡是有序之源；（3）系统内部必须存在适当的非线性反馈，通过涨落达到有序。

合作生产 joint production；co-production

不同地区的企业共同完成某项产品的生产活动，通常表现为合作企业各自承担总项目中部分产品或部分工序的生产，最后共同完成全部项目。

河床 river bed；river channel

河谷中经常性被水所淹没的部分。

河港 river port

位于江河沿岸的港口。它是内河运输船舶停泊、编队、补给燃料的基地，也是旅客交通和货物的集散地。

河谷 river valley

河流所流经的长条形凹地，主要由流水作用形成，包括谷坡、谷底两部分。谷底通常又分为河床和河漫滩，谷坡即河谷两侧的斜坡，有时分布有河流阶地。河谷一般自上游逐渐降低、变宽。

河口 river mouth；estuary

河流注入受水体（海、湖、水库、干流）的出口。

河口三角洲 estuarine delta

由河水所挟带的泥沙在河口一带沉积、淤积而形成的、多呈三角形或扇形的沉积物堆积体。

河口生态学 estuarine ecology；estuary ecology

研究河口水域中生物群落结构、功能关系、发展规律及其与环境（理化、生物）间相互作用机制的学科。

河口湾 estuary

河流的河口段因潮汐作用显著，使那里的侵蚀冲刷作用强于堆积作用而形成的漏斗状湾口。

河流 river

沿地表线形低凹部分集中的经常性或周期性水流。

河源 river source；headwaters

河流的发源地。可为溪、泉、冰川、沼泽或湖泊等。

核心区 core area

在全国经济或者区域经济发展中居于主导地位、经济增长快、发展质量高的地区，是一个国家或地区实现经济发展的主要地区，通常其人均GDP要大大高于全国人均水平。

核心通货膨胀 core inflation

剔除一些价格变动巨大且频繁或短期性质价格波动的商品或服务后的

通货膨胀，以核心 CPI 来表示。

褐黏土 abyssal clay；deep clay

又称"深海黏土"、"远洋黏土"、"红黏土"，参见深海黏土。

黑潮 Black stream；Black current；Japan current

世界大洋中最强的暖流。源于太平洋北赤道流，自东向西流动，在菲律宾东海岸受阻后，向北转向而成。呈蓝黑色，故名。

黑海 Black Sea

欧洲东南部与小亚细亚半岛之间的陆内海。

黑龙江 the Heilongjiang River

黑龙江是亚洲大河之一。黑龙江中段为中苏界江，源头有二支：南支额尔古拉河，源出黑龙江大兴安岭西坡，北支石勒喀河，源出蒙古北部肯特山东麓。两源在漠河以西的洛古村汇合后称黑龙江，全长 4350 千米，流域面积 184.3 万平方千米，沿途接纳结雅河、松花江、乌苏里江等大支流，在俄罗斯境内注入鞑靼海峡。

横向海岸 transversal coast

又称"大西洋型海岸"，海岸线延伸的总方向与地质构造线走向近似垂直相交的海岸。

红海 Red Sea

位于亚洲与非洲之间，印度洋西北的陆内海。

红黏土 abyssal clay；deep clay

又称"深海黏土"、"褐黏土"、"红黏土"，参见深海黏土。

红树林 mangrove

热带、亚热带淤泥质海滩，以红树科植物为代表的常绿乔灌木组成的盐生沼泽群落。

红树林海岸 mangrove coast

热带和亚热带地区由红树林组成的生物海岸称为红树林海岸。红树林生长在富含有机质的淤泥质海岸和河口浅滩上，高潮时树冠漂荡在水面上，低潮时露出根部。茂密的红树林有降低潮流流速，削减波浪能量和促使泥沙淤积的作用，同时也有阻挡泥沙进入港口，减少港口淤积的效果。红树林海岸广泛分布于东南亚及美洲、非洲等中低纬度的沿海国家，中国的红树林沿岸主要分布在海南、广东、广西、福建和台湾沿海地区。

洪峰 flood peak

一次洪水或整个汛期水位或流量过程中的最高点。

洪积 diluvial

基岩的风化产物由山区暂时洪流的作用，携带到山谷出口处形成的沉积物，多半见于半干燥气候区，其形状如扇。主要由砾石、砂、粉砂和黏土物组成，略具分选性和不清楚的层理。

洪积扇 proluvium fan

暂时性流水在沟谷出口处形成的扇状堆积地貌，多分布于干旱、半干旱地区。坡度比较平缓，粗大砾石堆积于洪积扇顶部，向边缘物质逐渐变细。

洪积盐土 diluvial solonchaks

现代积盐成土过程中没有地下水参与而形成的一种特殊的盐土，在我国主要分布于漠境地区的山前洪积扇和附地上。由于地面洪水溶带山区出露的含盐地层和矿化裂隙泉水中的盐分与泥沙一起沉积在山前地带，在漠境气候强烈蒸发影响下盐分重新向地表聚积而形成。

洪水 flood

河流水位超过河滩地面溢流的现象的总称。为平滩和大于平滩的流

156

量。

后滨 backshore

从大潮平均高潮位到风暴潮期间为海水覆盖的陆上地带。

后退海岸 recession coast

海面上升或海岸沉降引起的海岸侵蚀后退，使陆地面积减少，海域面积增大，多分布于地震活动频繁区和三角湾地区。

后向关联效应 backward connection effect

主导产业在进行生产之后，其产品成为许多产业的原料、燃料或生产设备，或直接进入消费部门而产生的部门关联效应。

弧后盆地 back-arc basin

又称"边缘海盆地"，参见边缘海盆地。

蝴蝶效应 butterfly effect

初始值的极微小的扰动而会造成系统巨大变化的现象。

浒苔 enteromorpha

浒苔属海藻的总称，属绿藻门、绿藻纲、石莼目、石莼科。中国《本草纲目》上称干苔，地方名有海苔、苔菜、石发等，在中国除鲜食外，也晒干制成苔条食用，亦可用作家畜饲料和肥料。

互联网服务 internet services

为海洋生产、管理、服务提供的互联网管理，数据、图像传送服务。

护岸 bank protection; revement

防护岸坡的人工建筑物。

护岸工程 bank protection work; revetment

河、湖、海堤的岸坡和坡脚用耐冲材料保护，防止水流、波浪等侵袭破坏的工程。

滑坡 landslide

斜坡上的部分岩（土）体在自然或人为因素的影响下，沿某一明显的界面发生剪切坡滑向坡下运动的现象。

还原论 reductionism

还原论采用的是系统分解的方法，即将一个复杂系统分解成若干个相对简单的子系统，只要研究清楚各个子系统的性质就可以获得整个系统的性质，其理论基础是物理上的叠加原理：整体等于部分之和。

环渤海经济区 circum-bohai sea economic zone

环绕着渤海（包括部分黄海）的沿岸地区所组成的经济区域。主要包括辽宁省、河北省、天津市、山东省三省一市的海域与陆域。

环礁 atoll

大洋中呈环状、椭圆状或马蹄状生长的围绕潟湖发育的珊瑚礁，古称"石塘"。

环境 environment

影响生物机体生命、发展与生存的所有外部条件的总体。

环境参数 environmental parameter

刻画环境状态的基本参变量，包括环境质量指标体系参数和环境容量指标体系参数。

环境承载能力 environmental carrying capacity

在可以预见期间，一个国家或地区在满足一定生态环境保护准则和标准、一定社会福利水平、一定经济、技术水平等条件下维系良好生态环境所能够支撑的最大人口数量及社会经济规模。

环境管理体系 environmental management system，EMS

整个管理体系的一个组成部分，包括为制定、实施、实现、评审和保持环境方针所需的组织结构、计划活动、职责、惯例、程序、过程和资源。

环境要素 environmental element

构成人类环境整体的各个独立的、性质不同的而又服从整体演化规律的基本物质部分。

环境因素 environmental factor

一个组织的活动、产品或服务中能与环境发生相互作用的要素。

环境影响 environmental impact

全部或部分地由组织的活动、产品或服务给环境造成的任何有害或有益的变化。

环境影响评价 environmental impact assessment

在大型建设项目或区域开发计划实施前对其可能造成的环境影响进行预测和估价。

环流 circulation

海面上（或大气内）海水（或大气）大范围流动的现象，通常首尾相接，成一闭合环路。

荒漠化 desertization；desertification

由气候变化、人类活动或两者共同作用所引起的荒漠环境向干旱或半干旱地区延伸或侵入的过程。

黄海 Yellow Sea

位于中国大陆与朝鲜半岛之间的西太平洋边缘海。

黄河 the Yellow River

中国第二大河。上源马曲（约古宗列渠）出自青海省巴颜喀拉山脉雅拉达泽山麓，卡日曲出自各姿各雅山麓，在鄂陵附近相汇，向东流经四川、甘肃、宁夏、内蒙古、陕西、山西、河南等省区，在山东省北部入渤海。全长 5 464 千米，流域面积 79.5 万平方千米（含内流区面积 4.2 万平方千米）。

黄河三角洲 Yellow River delta

广义的黄河三角洲指河南巩县以东，北至天津，南到废黄河口（淮河）的广大黄河冲积平原，面积约 24 万平方千米，是世界上最大的三角洲。狭义的黄河三角洲指以山东省东营市垦利县宁海为轴点，北起套尔河口，南至滋脉河口，向东撒开的扇状地形，海拔高程低于 15 米，面积达 5 450 平方千米，总人口约 985 万人。

回波效应 polarization effect

又称"极化效应"，参见极化效应。

汇流 confluence

〈大气科学〉相邻流体向主流体运动方向辐合（有向中心流动的分量）的流体运动。

〈地理学〉降水产生的坡面与河槽径流汇集流动的过程。

汇水面积 catchment area; water collecting area; drainage area

又称"受水面积"、"流域面积"，指流域分水线所包围的面积，即降落在流域面积上的降水都沿着地面斜坡汇入河道，经流域出口断面流出。流域面积的大小和形状，直接影响河流径流形成的过程。

混沌 chaos

由确定性方程描述的系统产生的一种貌似无规则、类似随机的现象。更确切地讲，混沌是决定性系统的伪随机性，混沌不是简单的无序而是没有明显的周期和对称，但却有丰富的内部层次的有序结构。混沌只能在非线性系统中产生，它是非线性系统的固有特性，也是非线性系统中的一种新的存在形式。当系统发生改变即发生自组织临界状态时，系统就表现出独特的外在特征，即混沌。

混沌无序 disordered chaos

事物的状态或变化相对模糊，无规律可循的复杂状态。

混沌现象 chaotic phenomena

发生在确定性系统中的貌似随机的不规则运动，一个确定性理论描述的系统，其行为却表现为不确定性、不可重复、不可预测的现象。

混沌有序 ordered chaos

事物的状态或变化相对模糊，但未来发展或变化规律相对明晰的复杂状态。

混合潮 mixed tide

全日潮占优势的不正规全日潮或半日潮占优势的不正规半日潮的潮汐现象。

火山岛 volcanic island

火山作用在海中形成的岛屿称为火山岛。如夏威夷岛即是由海底火山喷发形成的火山岛。

火山海岸 volcanic coast

与现代火山活动相伴生，由火山喷出或溢出物质构成的海岸称为火山海岸。通常是具火山构造特征的岛屿或半岛海岸。火山海岸的滨线常呈舌状或环状，可分为舌状（环状）海岸和破火山口岛海岸两种主要类型。

货币传递机制 monetary transmission mechanism

即货币的变动如何通过利率来影响整个经济。是指货币管理当局在确定货币政策以后，从选用一定的政策工具进行操作开始，到实现预期目标之间所经过的各种中间环节相互之间的有机联系及其因果关系的总和。

货币流通速度 velocity of money

同一单位的货币在一定时期内平均周转的次数，次数越多表明流通速度越快，次数越少表明流通速度越慢。货币流通速度是由商品流通速度决定的，商品流通越快，货币流通也就越快，反之亦然。

货物吞吐量 cargo throughput

经由水路进、出沿海港区范围并经过装卸的货物数量。包括邮件、办理托运手续的行李、包裹以及补给运输船舶的燃料、物料和淡水。计量单位：万吨。

货物周转量 freight turnover quantity

港口船舶实际运送的每批货物重量与该批货物的运送距离乘积之和。计量单位：万吨千米。

货运量 freight volume

港口船舶实际运送的货物重量。计量单位：万吨。

J

击岸波 surf

又称"拍岸浪"。参见拍岸浪。

矶波 surf beat

叠加于潮汐水位之上的海岸水位短周期内的升降现象。

基础测绘 basic surveying and mapping

建立全国统一的测绘基准和测绘系统，进行基础航空摄影，获取基础地理信息和遥感资料，测制和更新国家基本比例尺地图、影像图和数字化产品，建立、更新基础地理信息系统。

基础产业 basic industry

工业中上游产品的生产，包括采掘业和原材料工业，属第二产业。

基础设施 infrastructure

用于保证区域社会经济活动正常进行的公共服务系统，包括经济基础设施和社会基础设施。

基础设施投资 investment in infrastructure

以货币表现的向社会提供作为共同生产条件的基础设施建设活动的工作量。包括第二产业中的电力、煤气及水的生产和供应业；第三产业中的水利业、铁路运输、公路运输、管道运输、航空运输、邮电通信、公共服务和环境保护等。计量单位：亿元。

基线转向点 baseline point of the territorial sea

又称"领海基点"，参见领海基点。

极地科学 polar science

研究南北极地区的冰雪、地质、地球物理、海洋水文、气象、化学、生物、环境等的学科。

极化效应 polarization effect

又称"回波效应",指经济活动正在扩张的地点和地区将会从其他地区吸引净人口流入、资本流入和贸易活动,从而加快自身发展,并使其周边地区发展速度降低的现象。

集约农业 intensive agriculture

在单位面积上投下大量的劳力、资本、肥料等,或实施轮作以提高单位面积平均收获量的农业。

集约式增长 intensive growth

主要依靠生产效率的提高实现的经济增长。通常以高技术为依托,以低投入、低消耗、低污染、高产出、高效益、高附加值和经济结构不断趋向优化为特征。这种增长方式以技术进步为基础和源泉,以制度(政治和法律制度、经济体制、经济结构等)和思想意识的不断调整为必要条件。

集约养殖 intensive cultivation; intensive culture

〈水产学〉单位水体苗种密度高、物质和能量投入多、管理精细的一种水产经济动物养殖方式。

〈海洋科技〉采用先进仪器设备和管理技术,实施高密度、高产量、高经济效益的养殖方法。

挤出 crowd out

政府支出增加所引起的私人消费或投资降低的现象。

挤出效应 crowding-out effect

政府支出增加所引起的私人消费或投资降低的效果。

计划支出 planned expenditure

家庭、企业和政府愿意花在产品和服务上的数额。

计价单位 unit of account

人们用来表示价格和记录债务的标准。

技术密集型产业 technology-intensive industry

又称"知识密集型产业",与"劳动密集型产业"相对。以先进、尖端科学技术作为工作手段的生产部门和服务部门。其技术密集程度,往往同各行业、部门或企业的机械化、自动化程度成正比,而同各行业、部门或企业所用手工操作人数成反比。特点有:设备、生产工艺建立在先进的科学技术基础上,资源消耗低;科技人员在职工中所占比重较大,劳动生产率高;产品技术性能复杂,更新换代迅速。

季节风 anniversary winds

以年为周期循环的局地风或大尺度风系(如季风)。

季节性河流 intermittent stream

水源主要由地表径流补给、雨季期间出现水流而旱季可能干枯的河流。

《寂静的春天》Silent Spring

1962 年在美国波士顿出版的一本环境科学普及读物,作者是美国生物学家 R. Carson。书中描述了杀虫剂污染带来严重危害的景象,并通过对污染物迁移、转化的描写,阐明了人类同大气、海洋、河流、土壤、动植物之间的密切关系,初步揭示了污染对生态系统的影响。该书的出版引起人们对环境问题的普遍关注,对现代环境科学的发展起了积极的推动作用。

加勒比海 Caribbean Sea

位于南美大陆、安的列斯群岛、中美地峡之间的陆间海,大西洋的附属海。

甲壳动物学 carcinology

研究甲壳动物的分类、形态、繁殖、发育、生态、生理、生化、地理分布及其与人类关系的学科。

钾肥制造 potassic fertilizer

从海水、苦卤中提取氯化钾、硫酸钾等钾盐，用于制造钾肥的生产活动。

尖（形）三角洲 cuspate delta

尖嘴向海明显凸出的三角洲或由河道及两侧河口沙嘴组成的三角洲。

尖角坝 cuspate bar

又称"尖头沙坝"，海岸沙嘴被浪流所折，弯向陆与岸相连的坝，或由两个沙嘴向海延伸交汇而形成的沙坝，呈尖角形。

尖头沙坝 cuspate bar

又称"尖角坝"，参见尖角坝。

简单系统 simple system

组成系统的子系统数量较少，它们之间的关系比较简单。其特点是在系统中的元素往往是同质的，同一类的元素很多，它们的结构、功能都是一样的。

江潮 river tide

江河下游的潮汐现象。因外海潮波沿河道上溯而发生，并受河床摩擦和河水下泄的影响，涨潮历时较短，落潮历时较长。随着上溯距离的增加，高潮和低潮出现时刻逐渐推迟，潮差逐渐减少。

降水补给 precipitation recharge

降水入渗补给地下水的过程。

降水入渗系数 infiltration coefficient of precipitation

一个地区单位面积上降水入渗补给地下水的量与总降水量的比值。

交换媒介 medium of exchange

买者在购买物品与劳务时给予卖者的东西。

交通运输用海 sea area use for transportation

为满足港口、航运、路桥等交通需要所使用的海域。

礁滩 reef flat

在珊瑚海岸潮间带，由珊瑚碎屑、沙砾与珊瑚礁体胶结而成的海滩。

节能技术 energy conservation technology

提高能源开发利用效率和效益，减少对环境的影响，遏制能源资源浪费的技术。主要包括：能源资源优化开发技术，单项节能改造技术与节能技术的集成，节能生产设备与工艺，节能材料的开发利用，节能管理技术等。

结构化问题 structured question

又称"定义完善的问题"、"良构问题"，能够通过形式化（或公式化）方法描述和求解的问题。

结构性嵌入性 structural embeddedness

群体内组织之间不仅具有双边关系，而且与第三方有同样的关系，使得群体间通过第三方进行连接，并形成以系统为特征的关联结构，即在更宏观的层面上，由个人或组织所构成的关系网络是嵌入由其构成的社会网络结构之中的，并受到来自社会结构的文化、价值因素的影响或决定。

结构性失业 structure unemployment

由于某些劳动市场上可提供的工作岗位数量不足以为每个想工作的人

提供工作而引起的失业。

界址点 boundary mark；boundary point

用于界定宗海及其内部单元范围和界线的拐点。

金融体系 financial system

经济中促使一个人的储蓄与另一个的投资相匹配的一组机构。

金融中介机构 financial intermediaries

储蓄者可以借以间接地向借款者提供资金的金融机构。

金属砂矿产量 production of metal placer

包括黑色（主要指铁矿）和有色金属（铜矿、铅锌矿、镍钴矿、锡矿、镁矿等）、贵金属（金矿、银矿等）、稀土金属矿（镧系金属矿、镧系金属性质相近的金属矿）、大洋多金属结核、海底多金属硫化物和多金属软泥等金属矿生产数量。计量单位：吨。

金字塔型分布的城镇体系 pyramid distribution urban system

又称"顺序—规模分布型城镇体系"，参见顺序—规模分布型城镇体系。

进出口总额 total volume of imports and exports

实际进出我国国境的货物总金额。包括对外贸易实际进出口货物、来料加工装配进出口货物，国家间、联合国及国际组织无偿援助物资和赠送品，华侨、港澳台同胞和外籍华人捐赠品，租赁期满归承租人所有的租赁货物，进料加工进出口货物，边境地方贸易及边境地区小额贸易进出口货物，中外合资企业、中外合作经营企业、外商独资企业进出口货物和广告品，从保税仓库提取在中国境内销售的进口货物，以及其他进出口货物。我国规定出口货物按离岸价格统计，进口货物按到岸价格统计。计量单位：亿元。

进口 imports

国外生产而在国内销售的物品与劳务。

近岸沉积 littoral sediment

又称"滨海沉积"，参见滨海沉积。

近岸海域 near shore area

距大陆海岸较近的海域。

近地点潮 perigean tide

月球在近地点附近日期的潮汐。

近海捕捞 inshore fishing

在专属经济区、大陆架以内海域从事的对各种天然水生动植物的捕捞活动。

近海海洋动力学 coastal ocean dynamics

研究发生在近海中的海水动力学和热力学过程，其中包括不同类型和不同时空尺度的海水运动规律、海水的温盐度和密度等海洋水文状态参数的分布和变化，以及它们之间相互作用机制等的学科。

禁渔区 forbidden fishing zone; closed fishing areas

为保护渔业资源和生态环境所划定的，禁止一切捕捞生产活动或某些渔具作业的水域。

《京都议定书》Kyoto Protocol

1997 年 12 月在日本京都举办的《气候框架公约》第 3 次缔约方大会上通过的联合国气候公约的附加协议，2005 年 2 月 16 日开始强制生效。该议定书为各国的二氧化碳排放量规定了标准，即：在 2008 年至 2012 年间，全球主要工业国家的工业二氧化碳排放量比 1990 年的排放量平均要低 5.2%。

经济发展战略 strategy for economic development

为经济发展拟定的总体谋划，是带有全局性、长期性和根本性的决策，是较长时期内指导国民经济发展的基本依据。

经济区 economic region

以劳动地域分工为基础客观形成的不同层次、各具特色的经济地域。

经济区划 economic regionalization

在认识客观存在的经济区的基础上，根据特定时期国民经济发展的目标和任务，对全国区域进行分区划片，阐明各经济区经济发展的条件、特点和问题，指出它在国民经济体系中的地位和发展方向，最终为中央政府对区域经济进行宏观调控、地方政府制定区域发展规划、企业进行区域分析活动提供科学依据。

经济全球化 economic globalization

生产要素在世界范围内自由流动和合理配置，逐渐以至最终完全消除国家之间的壁垒，使各国相互渗透、相互影响、相互依存、共同发展，从而在经济上把世界变成一个整体。

经济周期 business cycle

产出与就业的短期波动。

径流区 runoff area

含水层的地下水从补给区至排泄区的流经范围。

净出口 net exports

又称"贸易余额"，一国的出口值减进口值。

九段线 Nine Segment Lines

在地图上，用国界符号在中国南海诸岛外围标绘的断续界线。1947年，当时的中国政府内政部方域司在其编绘出版的《南海诸岛位置图》中，以未定国界线标绘了一条由11段断续线组成的线。新中国成立后，经政府有关部门审定出版的地图在同一位置上也标绘了这样一条线，只是将

11 段断续线改为 9 段断续线。这一条线通常被称为传统疆界线。

裾礁 coastal reef

又称"岸礁"、"群礁"，参见岸礁。

锯齿形海岸 sawtooth-like coast

坚硬与松软的岩石交替相间组成的海岸，呈锯齿形，凹凸相间。

聚集效应 effect of agglomeration

由于某些产业部门、某些企业向某个特定地域集中所产生的使生产成本降低的效果，主要是通过企业间的分工协作、扩大生产规模等方法来实现，表现为联合化与协作化，在这些情况下，聚集所带来的效益要大于由于偏离运费最低点和劳动费最低点所增加的运费和劳动费。

军事用海 sea area use for military

建设军事设施和开展军事活动所使用的海域。

均衡 equilibrium

系统的各种力量在特定的时空上所达到的某种势均力敌的稳定或相对静止的状态。

均衡价格 equilibrium price；balanced price

一种商品的市场需求量和市场供给量相等时的价格。

均衡期 equilibrium period

水均衡计算的时段。

均衡区 equilibrium area

在水均衡计算中和均衡观测工作中，所选择的某一基准面以上具有明显边界的水文地质单元或地段。

K

喀斯特 karst

水对可溶岩的溶蚀作用所产生的地质现象。

开发区土地面积 land area of development zone

沿海城市各级各类开发区的土地面积。沿海城市开发区是指沿海城市依托港口或海岸线建设的各类开发区，包括经济（技术）开发区、保税区、高新技术产业园区、边境经济合作区等。计量单位：平方千米。

开发区占用岸线长度 coastline length occupied by development zone

沿海城市各级各类开发区实际占用的海岸线长度。计量单位：千米。

开放的复杂巨系统理论 open complex giant systems

1990 年，中国著名科学家钱学森等人首次向世人公布"开放的复杂巨系统"这一新的科学概念，认为复杂性实际上是开放的复杂巨系统的动力学特性。即构成系统的元素不仅数量巨大，而且种类极多，彼此之间的联系与作用很强，它们按照等级层次方式整合起来，不同层次之间界限模糊，甚至包含几个层次也不清楚，这种系统的动力学特性就是复杂性。

开放经济 open economy

"封闭经济"的对称。指一个国家或地区的经济活动与世界市场或外地市场有着密切联系的状况。在开放经济中，存在着一定规模的进出口贸易流或资本流。

开放式养殖用海 sea area use for open culturing

无须筑堤围割海域，在开敞条件下进行养殖生产所使用的海域，包括筏式养殖、网箱养殖及无人工设施的人工投苗或自然增殖生产等所使用的

172

海域。用海方式为开放式养殖。

开放式用海 open-end sea area use

不进行填海造地、围海或设置构筑物，直接利用海域进行开发活动的用海方式。

科技成果转化率 technology transfer rate

科技成果向现实生产力转化的指标。指一段时间里被转化为现实生产力的科技成果总数占科技成果总数的百分比。公式表达为：科技成果转化率＝（被转化的科技成果总数/科技成果总数）×100%

科技进步贡献率 contribution rate of scientific and technological progress

又称"综合要素生产率"。分析科技进步经济效益的一个指标。指有效或有用成果数量与资源消耗及占用量之比，即产出量与投入量之比，或所得量与所费量之比。它包含除资本与劳动投入之外的其他全部综合要素投入的贡献份额，学术界亦称为综合要素贡献率（TFP 贡献率），表达了在经济增长中，综合要素的增长所占的份额。它是一个评价指标，不是统计指标。这一指标对分析经济增长与科技进步、劳动和资本的长期发展趋势与相互关系，对制定国家发展战略和宏观经济管理具有重要的参考指导意义。

科技兴海 develop the marine by relying on science and technology

我国为依靠科技进步推动海洋资源开发和海洋产业发展而提出的一项涉及科研、开发、推广、生产、环保、管理等领域的多层次、多环节的社会化系统工程，其目标是推动海洋经济快速、持续发展，提高海洋产业产值在国内生产总值中的比重，促进海洋的可持续利用。

科研教学用海 sea area use for scientific research and teaching

专门用于科学研究、试验及教学活动的海域。

可持续产出论 sustainable output theory

能无限地维持产出的水平，它可以通过使每年的产出等于每年的人口净增长来获得。

可持续发展 sustainable development

满足当代人的需求，又不损害子孙后代满足其需求的能力的发展模式。

可持续发展评价指标体系 evaluation index system for sustainable development

为可持续发展的目标，依据一定基本原则进行设置的一组具有典型代表意义同时能全面反映可持续发展各要素（经济、科技、社会、军事、外交、生态、环境等）及子要素状况特征的指标体系。

可持续管理 sustainable management

对资源管理方式不仅满足短期利益，更要着眼于长远的利益。

可持续利用 sustainable use

对可更新资源以不导致环境及资源退化为前提，进行科学的、适当地利用。

可持续生态系统 sustainable ecological system

将经济发展与环境保护协调一致，使之既满足当代人的需求，又不对后代人需求的发展构成危害的永续的生态系统。

可持续消费 sustainable consumption

提供服务以及相关产品以满足人类的需求，提高生活质量，同时尽量减少对环境不利的材料的使用，从而不危及后代需求的消费模式。

可更新资源 renewable resources

又称"可再生资源"，参见可再生资源。

可能性空间 possibility space

事物发展变化中各种可能性集合称为这个事物的可能性空间。

可燃冰 natural gas hydrate；gas hydrate

又称"天然气水合物"，参见天然气水合物。

可再生能源 renewable energy resources

在自然界中可以不断再生并有规律地得到补充或重复利用的能源。例如太阳能、风能、水能、生物质能、潮汐能等。

可再生能源独立电力系统 renewable energy independent power system

不与电网连接的单独运行的可再生能源电力系统。

可再生资源 renewable resources

又称"可更新资源"，指在社会生产、流通、消费过程中的物质，不再具有原使用价值而以各种形式储存，但可通过不同加工途径而使其重新获得使用价值的各种物料的总称。

客运量 passenger carrying capacity

港口船舶实际运送的旅客人数。计量单位：万人。

控制 control

人们根据自己的目的，改变条件，使事物的可能性空间缩小，沿着某种确定的方向发展，从而形成控制。因此，一切控制过程，实际都是由三个基本环节构成的：（1）了解事物面临的可能性空间是什么；（2）在可能性空间中选择某一些状态为目标；（3）控制条件，使事物向既定的目标转化。

控制生态系统实验 controlled ecosystem experiment，CEPEX

又称"围隔式生态系统实验"，运用建立的实验生态系统装置，在人为控制条件下，研究某一自然海洋生态系统的结构、功能及其变化规律的一种实验方法。

跨海桥梁管理 sea-crossing bridge management

跨海桥梁的收费与管理活动。

矿产资源 mineral resources

由地质作用形成的，在当前和可预见将来的技术条件下，具有开发利用价值的，呈固态、液态和气态的自然矿物。

矿产资源利用区 mineral resources exploitation area

为勘探、开采矿产资源需要划定的海域，包括油气区和固体矿产区等。

矿化度 mineralizing degree

单位体积中所含离子、分子与化合物的总量。以符号"M"表示。

昆布 laminaria japonica

又称"海带"，参见海带。

扩散效应 diffusion effect

所有位于经济扩张中心的周围地区，都会随着与扩张中心地区的基础设施的改善等情况，从中心地区获得资本、人才等，并被刺激促进本地区的发展，逐步赶上中心地区。

L

拉尼娜 La Nia

与厄尔尼诺相反的现象，即赤道东太平洋海温较常年偏低。

蓝色产业 blue industry

利用海洋和海岸区位优势和资源所发展的各种产业。

蓝色革命 blue revolution

用高科技手段控制和利用海洋水域，为人类大量生产食物蛋白的技术革命活动。

蓝色国土 blue state territory

是一个沿海国家的内水、领海和管辖海域的形象统称。管辖海域包括领海以外的毗连区、专属经济区、大陆架、历史性海域或传统海疆等。

蓝色经济 blue economy

以海洋经济为显著特征，通过海陆统筹、科技创新和生态化管理，打造海洋优势产业，实现海洋资源的科学开发与综合利用，人海关系和谐可持续发展的经济形态或经济发展理念。

浪蚀 wave cutting；sea-cut；wet blasting

波浪对湖、海岸和底部的侵蚀作用，表现为波浪的冲击及所挟带碎屑物质对岸边和水底的磨削作用。

浪蚀台 wave-cut platform；beach plat-form；cut-platform

又称"波蚀台"。指海蚀崖外侧的平坦台地，主要分布于潮间带，多由基岩组成。因波浪冲蚀，海蚀崖不断后退所成，台面向海微倾，上有浪

177

蚀沟、浪蚀柱以及溶蚀的小凸地等微小起伏形态，局部见有沙砾沉积物，在波浪作用较强的基岩海岸，发育明显。

劳动参工率 labor-force participation rate

劳动力占成年人口的百分比。

劳动费指数 index of labor cost

每单位重量产品的平均劳动费。如果劳动费用指数大，那么，从最小运费区位移向廉价劳动费区位的可能性就大；否则，这种可能性就小。

劳动力 labor force；workforce

既包括就业者又包括失业者的具有劳动能力的人口。

劳动力资源 human resources

又称"人力资源"、"劳动资源"，参见人力资源。

劳动密集型产业 labor-intensive industry

与"技术密集型产业"相对，在生产要素的配置比例中，劳动力投入比重较高的产业。基本特点是：物化劳动消耗比重较低而活劳动消耗比重较高，产品的科技含量和附加值低。随着科学技术的进步和资本有机构成的提高，劳动密集型产业将逐渐被资金技术密集型产业所取代。

老年冰 old ice

至少经过一个夏天而未融化的冰，其表面比一年冰更平滑。

冷水舌 cold water tongue

在海洋水温分布图上，等温线从低到高呈舌状分布的冷水。

冷水团 cold water mass

较周围水体温度低的水团。

离岸礁 barrier reef

又称"堡礁",参见堡礁。

里约＋20峰会 Rio＋20

2012年6月,"联合国可持续发展大会"在巴西里约热内卢举行。此次会议与1992年在里约热内卢召开的"联合国环境和发展大会"正好时隔20年,因此也被称为"里约＋20峰会"。根据联合国的安排,里约大会的主题有两个:一是在可持续发展和消除贫困的背景下发展绿色经济,二是关于可持续政治治理与制度框架。

理性预期 rational expectation

当人们在预测未来时可以充分运用他们所拥有的全部信息,包括有关政府政策的信息的理论。

利润总额 total profits

企业在生产经营过程中各种收入扣除各种耗费后的盈余,反映企业在报告期内实现的亏盈总额,包括营业利润、补贴收入、投资净收益和营业外收支净额。计量单位:万元。

利益相关者 stakeholders

与项目用海有直接或间接连带关系或者受到项目用海影响的开发、利用者。

利用岸线长度 occupied coastline length

沿海地区进行生产与服务活动所占用海岸线的长度。按照国民经济行业分类汇总。

连岛沙坝 tombolo

又称"连岛沙洲"。连接相邻岛屿或连接大陆与邻近岛屿的沙坝称为连岛沙坝。由砾石、沙及贝壳碎屑组成。沿大陆和岛屿沿岸运动的泥沙逐渐堆积于大陆与邻近岛屿之间的波影区便会形成连岛沙坝。

联邦储备银行 Federal Reserve Bank

美国联邦储备系统所属的私营区域性金融机构，有权发行联邦储备券，执行票据结算与托收，代理国库，并在联邦公开市场委员会指导下买卖政府债券。据 1913 年《联邦储备法》规定，全国划分为十二个联邦储备区，每区设立一家私营的联邦储备银行，并以所在城市命名。

联合古陆 Pangaea

又称"泛大陆"，参见泛大陆。

联合国海洋法公约 United Nations Convention on the Law of the Sea

由联合国召开有关会议通过的规范各国管辖范围内外各种水域的法律地位，调整国家之间、国家与国际组织之间在海洋方面关系的国际公法。1994 年 11 月 16 日生效。我国全国人民代表大会常务委员会于 1996 年 5 月 15 日通过该公约。

联合国环境规划署 United Nations Environment Programme，UNEP

作为联合国统筹全世界环保工作的组织，联合国环境规划署于 1973 年 1 月正式成立，总部现设在肯尼亚首都内罗毕。环境规划署是一个业务性的辅助机构，它每年通过联合国经济和社会理事会向大会报告自己的活动。其宗旨是促进环境领域内的国际合作，并提出政策建议；在联合国系统内提供指导和协调环境规划总政策，并审查规划的定期报告；审查世界环境状况，以确保可能出现的具有广泛国际影响的环境问题得到各国政府的适当考虑；经常审查国家和国际环境政策和措施对发展中国家带来的影响和费用增加的问题；促进环境知识的取得和情报的交流。

联合国气候变化框架公约 United Nations Framework Convention on Climate Change，UNFCCC

联合国大会于 1992 年 6 月 4 日通过的一项公约。《公约》规定发达国家为缔约方，应采取措施限制温室气体排放，同时要向发展中国家提供新的额外资金以支付发展中国家履行《公约》所需增加的费用，并采取一切可行的措施促进和方便有关技术转让的进行。

联合国政府间气候变化委员会 Intergovernmental Panel on Climate Change，IPCC

联合国政府间气候变化委员会是世界气象组织（WMO）及联合国环境规划署（UNEP）于 1988 年联合建立的政府间机构。其主要任务是对气候变化科学知识的现状，气候变化对社会、经济的潜在影响以及如何适应和减缓气候变化的可能对策进行评估。

联合履行机制 joint implemented，JI

发达国家之间通过项目级合作，所实现的温室气体减排抵消额实现温室气体减排抵消，可以转让给另一发达国家缔约方，但是同时必须在转让方的允许排放限额上扣减相应的额度。

辽河 the Liao River

中国东北地区南部大河。有东西两源，东辽河源出吉林省萨哈岭，西辽河源出辽宁省自盆山，在昌图县汇合，经营口入渤海。长 1 430 千米，流域面积 16.4 万平方千米。

裂流 rip current

离岸补偿水流。破波从岸边分裂向岸的水流。

临时性利用无居民海岛 temporary utilization of uninhabited offshore islands

因公务、教学、科学调查、救灾避险等需要而短期登临、停靠无居民海岛的行为。

零能海岸 zero-energy coast

平均破波高度 3~4 厘米或更小，波浪能量趋近于零的海岸，称为零能海岸。此类海岸一般位于背风的凹入海湾内，滨外斜坡宽浅，近滨地带分布潮汐沼泽和低位沼泽。

零能源发展 zero energy development，ZED

能源利用方式的一种新形式。零能源发展系统的设计理念在于最大限度地利用自然资源、减少环境破坏与污染、实现零化石能源使用的目的，能源需求与废物处理实现基本循环利用的居住模式。零能源发展为城市住宅建筑实现可持续发展提供了一个综合性解决方案。

领海 territorial sea

沿海国根据其主权划定的，邻接其陆地领土及内水以外，或群岛水域以外的一定范围的海域。国家对领海及其上空和海底行使主权。《联合国海洋法公约》规定领海的宽度为 12 海里。

领海海峡 strait of the territorial sea

又称"领峡"，指海峡宽度小于两岸领海宽度的海峡，具有与沿海国领海相同的法律地位，实行无害通过制度。

领海基点 baseline point of the territorial sea

又称"基线转向点"，指确定直线基线的点。《联合国海洋法公约》并未明确规定两个相邻基点间的极限距离，只要求"直线基线的划定不应在明显的程度上偏离海岸的一般方向，而且基线内的海域必须充分接近陆地领土，使其受内水制度的支配"（《公约》第 7 条第 3 款）。

领海基线 baseline of the territorial sea

沿海国据以划定其领海内侧的起算线。包括正常基线，直线基线，混合基线和其他基线 4 种，由各沿海国行使主权选用。

领海宽度 width of the territorial sea

沿海国领海基线至领海外部界限的垂直距离。《联合国海洋法公约》规定："每一国家有权确定其领海的宽度，直至从按照本公约确定的基线量起不超过 12 海里的界限为止。"（《公约》第 3 条）1992 年 2 月《中华人民共和国领海及毗连区法》重申，中国领海的宽度为 12 海里。

领海外部界限 outer limit of the territorial sea

国家主权水域与国家管辖水域的分界线。实际上，为一条其每一点距领海基线上最近点的距离等于领海宽度的线。

领空 territorial sky

一国领土和领海范围内的全部上空，是一国领土的组成部分。

领土 territory

主权国家管辖下的全部疆域，属于空间的范畴。包括陆地和河流、湖泊等内陆水域及其底下层，以及与陆地相连的海港、内陆湾、领空和领海。

领峡 strait of the territorial sea

又称"领海海峡"，参见领海海峡。

流动负债合计 total current liabilities

企业在一年内或超过一年的一个营业周期内需要偿还的债务，包括短期借款、应付票据、应付账款、预收账款、应付工资、应交税金、应付利润、预提费用等。计量单位：万元。

流动性 liquidity

一种资产兑换为经济中交换媒介的容易程度。

流动性偏好理论 theory of liquidity preference

由于货币具有使用上的灵活性，人们宁愿以牺牲利息收入而储存不生息的货币来保持财富的心理倾向。

流动资产合计 total current assets

企业可以在一年内或超过一年的一个生产周期内变现或者耗用的资产，包括现金及各种存款、短期投资、应收及预付款项、存货等。计量单位：万元。

流量资源 discharge resources

"存量资源"的对称。指不具备储存功能，在人类不进行开采利用的情况下，随着时间的流逝而消失的资源。

流域面积 catchment area; water collecting area; drainage area

又称"汇水面积"、"受水面积"，参见汇水面积。

六度分离假设 six degrees of separation

1967 年，美国哈佛大学心理学家 Stanley Milgram 提出的，该假设是指世界上的任意两个人，可以通过平均不超过 6 个朋友（熟人）关系联系起来。

卤水 brine

矿化度大于 50 克/升的地下咸水。

卤水入侵 brine water intrusion

人为超采地下淡水或地质工程活动，导致地下淡水水位的下降，破坏了滨海平原区域地下水力系统平衡，卤水浸染淡水资源，使地下淡水变咸的现象。

鲁棒性 robustness

现代控制系统的一个重要概念。它是刻画系统参数或结构变化以及受外干扰作用时，系统性质是否保持的一个概念。

陆地半岛 tied island; tombolo

又称"陆连岛"，参见陆连岛。

陆地污染源 terrestrial pollution source

又称"陆源污染源"，参见陆源污染源。

陆基养殖 land-based aquaculture

以陆地为基础建造的养殖设施和养殖模式。

陆架 continental shelf

又称"大陆架"、"大陆坡"、"陆棚"、"大陆棚"，参见大陆架。

陆架海 shelf sea

又称"陆棚海"。指占据大陆架的海域。

陆架平原 continental plain

大陆架上地形平坦、广阔的大型地理实体，为大陆架的主体，平均坡度一般小于$0°10'$。

陆架生态系统 shelf ecosystem

大陆架内海底区和水层区所有海洋生物群落与其周围环境进行物质交换、能量传递和流动所形成的统一整体。

陆间海 intercontinental sea

位于大陆之间的海，面积和深度都较大，如地中海和加勒比海。

陆连岛 tied island；tombolo

又称"陆地半岛"，指岛的沙坝与大陆相连的岛屿。

陆棚 continental shelf

又称"大陆架"、"陆架"、"大陆坡"、"大陆棚"，参见大陆架。

陆棚海 shelf sea

又称"陆架海"。参见陆架海。

陆缘海 marginal sea

又称"边缘海"，参见边缘海。

陆源污染源 land-sourced pollutants

从陆地向海域排放污染物，造成或者可能造成海洋环境污染的场所、设施等。

陆源有机物 terrigenous organic matter

通过径流、大气输送和其他途径由陆地进入海洋的有机物质。

路径依赖 path dependence

具有正反馈机制的体系一旦在外部偶然性事件的影响下被系统所采纳，便会沿着一定的路径发展演进，而很难为其他潜在的甚至更优的体系所替代，即制度的演化"锁定"在现有制度演化的方式及制度的结构和功能上。

路桥用海 sea area use for road-bridges

连陆、连岛等路桥工程所使用的海域，包括跨海桥梁、跨海和顺岸道路等及其附属设施所使用的海域，不包括油气开采用连陆、连岛道路和栈桥等所使用的海域。

旅客吞吐量 passenger throughput

经由水路乘船进、出沿海港区范围的旅客数量，包括购买半票的旅客人数和乘旅游船进、出沿海港区的旅客人数，不包括免票儿童、船舶船员人数、轮渡和港区内短途客运的旅客人数。计量单位：万人次。

旅客周转量 turnover of passenger traffic

港口船舶实际运送的每位旅客与该旅客运送距离的乘积之和。计量单位：万人千米。

旅行社数量 number of tourist agencies

滨海地区从事招徕、组织、接待旅游者等活动，为旅游者提供相关旅游服务，开展国内旅游业务、入境旅游业务或者出境旅游业务的企业法人数量。计量单位：个。

旅游基础设施用海 sea area use for tourism infrastructures

旅游区内为满足游人旅行、游览和开展娱乐活动需要而建设的配套工程设施所使用的海域，包括旅游码头、游艇码头、引桥、港池（含开敞式码头前沿船舶靠泊和回旋水域）、堤坝、游乐设施、景观建筑、旅游平台、高脚屋、旅游用人工岛及宾馆饭店等所使用的海域。

旅游区 tourism area

为开发利用滨海和海上旅游资源，发展旅游业需要划定的海域，包括风景旅游区和度假旅游区等。

旅游型城市 tourism-based city

在开发旅游资源和景点的基础上发展起来的城市。

旅游娱乐用海 sea area use for tourism and recreation

开发利用滨海和海上旅游资源，开展海上娱乐活动所使用的海域。

旅游资源 tourism resources

自然界和人类社会凡能对旅游者产生吸引力，可以为旅游业开发利用，并可产生经济效益、社会效益和环境效益的各种事物和因素。

旅游资源调查 investigation of tourism resources

按照旅游资源分类标准，对旅游资源单体进行的研究和记录。

旅游资源共有因子评价 community factor evaluation of tourism resources

按照旅游资源基本类型所共同拥有的因子对旅游资源单体进行的价值和程度评价。

绿色壁垒 green barrier

又称"生态壁垒"、"环境壁垒"。在国际贸易领域，一些国家凭借其科技优势，以保护环境和人类健康为目的，通过立法或制订严格的强制性技术法规，对国外商品进行准入限制的贸易障碍。

绿色国内生产总值 green Gross Domestic Product，green GDP

将经济发展中资源成本、环境污染损失成本、生态成本纳入国内生产总值统计口径所形成的绿化后的国内生产总值。

绿色化工 green chemical industry

在化工产品生产过程中，从工艺源头上就运用环保的理念，推行源消减、进行生产过程的优化集成，废物再利用与资源化，从而降低成本与消耗，减少废弃物的排放和毒性，减少产品全生命周期对环境不良影响的一种生产方式。绿色化工的兴起，使化学工业环境污染的治理由先污染后治理转向从源头上根治环境污染。

绿色经济 green economy

经济增长与资源环境相协调的一种经济发展状态或发展模式。20 世纪末形成。20 世纪末兴起并发展起来的环境科学为它提供了理论和技术上的准备。"绿色经济"是对传统经济增长模式的变革和扬弃，是未来人类社会经济发展的必由之路。违背"绿色经济"发展要求的增长模式，忽视增长的质量和效益、不惜浪费资源和破坏环境、片面追求一时的高速度的做法，都会造成经济活动的大起大落，不能实现真正的发展。

绿色旅游 green tourism

可选择旅游的一种，与乡村旅游有一定联系，具有自然旅游的环境兼容性，对目的地有很小或没有生态影响。

绿色能源 green energy resources；green energy

〈资源科技〉温室气体和污染物零排放或排放很少的能源，主要是新能源和可再生能源。

〈生态学〉绿色植物通过光合作用将太阳能转化并储存于体内的化学能。人们直接或加工利用这些化学能作为能源，代替煤、石油等不可再生的能源。在可持续发展的理念下，绿色能源体现了与环境友好相容的自然资源的开发利用原则。

绿色食品 green food

在无污染的生态环境中种植及全过程标准化生产或加工，严格控制其有毒有害物质含量，使之符合国家健康安全食品标准，并经专门机构认定，许可使用绿色食品标志的食品。

绿色运输 green transport

以节约能源、减少废气排放为特征的运输。其实施途径主要包括：合理选择运输工具和运输路线，克服迂回运输和重复运输，以实现节能减排的目标；改进内燃机技术和使用清洁燃料，以提高能效；防止运输过程中的泄漏，以免对局部地区造成严重的环境危害。

绿色制造 green manufacturing

综合考虑环境影响和资源消耗的现代制造模式，其目标是使得产品从设计、制造、包装、运输、使用到报废处理的整个生命周期中，对环境负面影响最小，资源利用率最高，并使企业经济效益和社会效益协调优化。

氯度 chlorinity

沉淀海水样品中含有的卤化物所需纯标准银（原子量）的质量与海水质量之比值的 0.3285234 倍，以符号"Cl⁻"表示。

氯化钾制造 potassium chloride manufacturing

以苦卤、地下卤水为原料提取氯化钾的生产活动。

氯化镁制造 magnesium chloride manufacturing

以苦卤、地下卤水为原料提取氯化镁的生产活动。

氯碱产品制造 alkali products manufacturing

以海盐或海盐卤水为原料生产烧碱、氯气、盐酸的活动。

罗马俱乐部 Club of Rome

罗马俱乐部成立于 1968 年 4 月，总部设在意大利罗马，是关于未来学研究的国际性民间学术团体，也是一个研讨全球问题的智囊组织。以研究未来科学技术革命对人类发展的影响为宗旨，阐明人类面临的主要困难以引起政策制定者和舆论的注意，目前主要从事有关全球性问题的宣传、预测和研究活动。

落潮 ebb tide

海面从高潮位下降至低潮位的过程。

M

马尔可夫过程 Markov process

一类典型的随机过程，指在已知目前状态（现在）的条件下，事物未来的演变（将来）不依赖于它以往的演变（过去）。

马六甲海峡 Strait of Malacca

位于马来半岛与苏门答腊岛之间，沟通太平洋与印度洋的重要国际航运水道。

码头 wharf；quay

供船舶停靠并装卸货物和上下旅客的建筑物。广义还包括与之配套的仓库、堆场、道路、铁路和其他设施。

码头泊位长度 length of berth

用于停系靠船舶，进行装卸货物和上下旅客地段的实际长度。包括固定和浮动的各种形式码头的泊位长度。计量单位：米。

锚地 anchorage

供船舶停泊（抛锚或系浮筒）和进行各种水上作业（例如联检、编解队、过驳）的水域。

锚地用海 sea area use for anchorage area

船舶候潮、待泊、联检、避风及进行水上过驳作业等所使用的海域。

贸易赤字 trade deficit

又称"贸易逆差"，是指国在一定时期内出口贸易总额小于进口贸易总额，表示该国当年对外贸易处于不利地位。

贸易利益 trade benefit

即使两个区域中的一个在每一种行业上都比另一个具有较高的绝对效率，两个区域之间的贸易同样对双方有利，贸易条件是：在生产不同的产品上两个区域之间存在着相对的效率差异，这时，每个区域都专业化于本区域具有相对有利条件的商品，并用该商品去换取另一区域具有相对有利条件的商品，从而产生贸易利益。

贸易平衡 balanced trade

一国在特定年度内外贸进、出口总额基本上趋于平衡。

贸易条件 terms of trade

一个国家或地区输出商品价格与输入商品价格的比率，一般用进出口商品的价格指数表示。

贸易盈余 trade surplus

又称"贸易顺差"，是指一国在一定时期内出口贸易总额大于进口贸易总额，表示该国当年对外贸易处于有利地位。

贸易政策 trade policy

直接影响一国进口或出口的物品与劳务数量的政府政策。

镁肥制造 magnesium fertilizer manufacturing

利用氯化镁等海洋化工产品制造镁肥的生产活动。

锰结核 polymetallic nodule

又称"多金属结核"，参见多金属结核。

孟加拉湾 Bay of Bengal

位于缅甸与印度之间开口向南的印度洋的附属海。

名义 GDP nominal Gross Domestic Product, nominal GDP

用生产物品和劳务的当年价格计算的全部最终产品的市场价值。

名义汇率 nominal exchange rate

一个人可以用一国通货交换另一国通货的比率。

明礁（屿）rock uncovered

平均大潮高潮面时露出的孤立岩石。

模糊性 fuzziness

事物本身是不确定的，它在本质上没有明确的含义，在量上没有明确的界限，导致事物呈现"亦此亦彼"的状态，是事物类属的不确定性，但事件发生的结果是确定的。模糊的不确定性用隶属度来度量。隶属度表示事物多大程度属于某一类。

摩擦性失业 frictional unemployment

由于工人寻找最适合自己嗜好和技能的工作需要一定的时间而引起的失业。

莫桑比克海峡 Mozambique Channel

位于非洲大陆与马达加斯加岛之间，世界上最长的海峡。

墨西哥湾 Gulf of Mexico

位于美国、墨西哥和古巴之间，北美洲东南边缘的大西洋的附属海。

牡蛎礁 oyster reef

一种钙质堆积体。主要由牡蛎等生物遗骸堆积而成。

N

纳什效率 Nash Efficiency

某一制度主体接受一种制度安排使得自身的得益最大化，而不考虑其他制度主体的得益水平的状态。

南大洋 Southern Ocean

环绕南极大陆，北边无陆界，而以副热带辐合带为其北界的独特水域。

南海 South China Sea

位于中国大陆南部与菲律宾群岛、加里曼丹岛、苏门答腊岛、马来半岛和中南半岛之间的太平洋边缘海。

南沙群岛 the Nansha Islands

中国南海诸岛四大群岛中位置最南、岛礁最多、散布最广的群岛。主要岛屿有太平岛、中业岛、南威岛、弹丸礁、郑和群礁、万安滩等。曾母暗沙是中国领土最南点。南沙群岛领土主权属于中华人民共和国，行政管辖属中国海南省三沙市。目前除中国大陆和台湾控制少数岛屿外，主要岛屿均被越南、菲律宾、马来西亚等国侵占。

《难以忽视的真相》An Inconvenient Truth

根据美国前副总统阿尔·戈尔所著改编的一部有关气候变迁的纪录片，其中揭露了气候变迁的资料并对此做出预测，通过人口爆炸、科技革命、考虑气候危机的基本方式三个方面阐述他相信人类文明与地球生态系统之间关系将发生重大变化的残酷的未来。

内滨 inshore

低潮线向海一侧，直至破浪带外界的地带。

内波 internal wave

流体内部密度跃层界面上的波动。

内潮 internal tide

海水内界面处的潮波现象。

内海 inner waters; inland waters

又称"内水"、"封闭海"、"地中海"、"内陆海"。参见内水。

内海海峡 strait of the internal sea

沿海国领海基线以内的海峡。与内水的法律地位相同，属于沿海国所有，对其享有完全的排他性主权。沿海国既可以规定内海海峡，不对一切外国船舶或飞机开放，也可以颁布法律规定外国船舶或飞机，通过内海海峡的管理制度和要求。

内流河 interior river

又称"内陆河"，河水流没于大陆内部沙漠或内陆湖泊的河流。

内陆国 landlocked state

被其他国家的陆地领土所包围，因而没有出海口的国家。

内陆海 inner waters; inland waters

又称"内水"、"封闭海"、"地中海"、"内海"。参见内水。

内陆盐土 continental solonchak

除滨海盐土以外的干旱、半干旱地区各种盐渍土的统称。干旱地区的内陆盐土，由于气候干旱，雨量稀少，蒸发量大，积盐强烈，地表常形成盐结皮、盐结壳和疏松的聚盐层，表层 1 ~ 5 厘米，含盐量通常在 5% ~ 20%，地下水位埋深一般 1 ~ 3 米，矿化度 3 ~ 20 克/升。

内水 inner waters；inland waters

又称"内陆海"、"封闭海"、"地中海"、"内海"。沿海国领海基线陆地一侧的水域。包括湖泊、河流及其河口、内海、港口、港湾、海峡以及其他位于领海以内的水域。

能源 energy sources

自然界中能为人类提供某种形式能量的物质资源。

能源生产弹性系数 elasticity coefficient of energy production

能源生产的年增长率与 GDP 的年增长率的比值。

能源生产总量 total energy production

一定时期内一次能源生产量的总和。一次能源生产量包括原煤、原油、天然气、水电、核能及其他动力能（如风能、地热能等）发电量，不包括低热值燃料生产量、生物质能、太阳能等的利用和由一次能源加工转换而成的二次能源产量。计量单位：吨标准煤。

能源消费总量 total energy consumption

一定时期内各行业和居民生活消费的各种能源的总和。能源消费总量包括原煤和原油及其制品、天然气、电力，不包括低热值燃料、生物质能和太阳能等的利用。能源消费总量分为终端能源消费量、能源加工转换损失量和能源损失量三部分。计量单位：吨标准煤。

能源资源 energy resources

自然界中能够提供热、光、动力和电能等各种形式的能量的物质资源。

能源作物 energy crop

经专门种植，用以提供能源原料的草本和木本植物。

能值 energy

由美国生态学家奥德姆（H. T. Odum）1986 年创立，他认为：一种流动或储存的能量中所包含的另一种类别能量的数量，称为该能量的能值。如属不同类的能，一般可以按照其产生或作用过程中直接或间接使用的太阳能的总量来衡量，以其实际能含量乘以太阳能转化率来比较。

尼罗冰 nilas

初生冰继续增长，冻结成厚度 10 厘米左右有弹性的薄冰层，在外力的作用下，易弯曲，易被折碎成长方形冰块。

泥石流 debris flow

携带大量泥沙、石块的间歇性洪流。

逆城市化 counter urbanization

又称"反城市化"。由于交通拥挤、犯罪增长、污染严重等城市问题日益增加，城市人口开始向郊区乃至农村流动，市区出现"空心化"的现象。

溺谷型海岸 liman coast

地壳下降或海平面上升使海水淹没沿海谷地而形成的河口湾型海岸，在湾口处常形成横贯的沙坝、沙嘴和后方的潟湖。以黑海北岸最典型。

农村现代化 agricultural modernization

现代化的最终目标是：人民具有较高的思想道德素质、科学文化素质和健康素质；人们过上高质量的生活，社会结构实现持久的和谐与稳定；人与自然、生态和资源之间形成均衡与协调关系。这也是中国农村现代化的最终目标。其内涵是：（1）农业规模化和科技化；（2）农村职业非农化；（3）农村人口城镇化；（4）经济活动市场化；（5）资源利用合理化；（6）社会关系规范化；（7）人与自然一体化。

农业填海造地用海 sea area use for agricultural by sea reclamation

通过筑堤围割海域，填成土地后用于农、林、牧业生产的海域，用海方式为农业填海造地。

农渔业区 agricultural and fishery zone

农渔业区是指适于拓展农业发展空间和开发海洋生物资源，可供农业围垦、渔港和育苗场等渔业基础设施建设，海水增养殖和捕捞生产，以及重要渔业品种养护的海域，包括农业围垦区、渔业基础设施区、养殖区、增殖区、捕捞区和水产种质资源保护区。

暖水舌 warm water tongue

在海洋水温分布图上，等温线从高到低呈舌状分布的暖水。

O

欧盟碳排放交易体系 EU Emission Trading Scheme，EU－ETS

欧洲碳排放交易体系是世界上最大的碳排放交易市场，在世界碳交易市场中具有示范作用。EU－ETS 属于限量和交易计划，该计划对成员国设置排放限额，即各国排放限额之和不超过《议定书》承诺的排量，排放配额的分配综合考虑成员国的历史排放、预测排放和排放标准等因素。

耦合 coupling

构成系统的各个部分在性质和存在上互为条件、互为因果的关系。

P

帕累托效率 Pareto Efficiency

某一制度主体接受一种制度安排时，既是为了使自身的得益最大化又使得其他制度主体的得益最大化的状态。

拍岸浪 surf

又称"击岸波"。当波浪由深水向浅水传播时，由于海水变浅，波速减小，波长缩短，波高增大，波峰向海岸方向倾倒，形成波浪破碎的现象。

排放贸易机制 Emission Trade，ET

发达国家间通过合作，使温室气体排放规则成为"成本—效益"形式，即通过将减排的温室气体量转化为一种商品量（相当于 CO_2 的量），使各组织之间可以进行交易，以最低成本满足其减排的指标义务。

排污倾倒用海 sea area use for sewage dumping

用来排放污水和倾倒废弃物的海域。

排泄区 discharge area

含水层的地下水向外部排泄的范围。

旁侧关联效应 flanking connection effect

主导产业在进行产生过程当中，有许多产业为其提供相关的服务而产生的部门关联效应。

配第－克拉克定律 Petty-Clark's Law

随着经济的发展，人均国民收入水平的提高，劳动力首先由第一产业向第二产业转移，进而再向第三产业转移；从劳动力在三次产业之间的分布状况看，第一产业的劳动力比重逐渐下降，第二产业特别是第三产业劳动力的比重则呈现出增加的趋势。

盆地 basin

又称"山间盆地"，参见山间盆地。

澎湖列岛 the Penghu Islands

位于台湾海峡的南部，由 64 个岛屿组成，面积约 126 平方千米，域内岛屿罗列，港湾交错，地势险要，是中国东海和南海的天然分界线，自古以来就为兵家必争之地，也是大陆文化传入台湾的跳板。

批准倾倒量 dumping amount allowed

报告期内批准的海洋倾倒数量。计量单位：万立方米、吨。

皮鞋成本 shoe-leather cost

由于通货膨胀，人们必须耗费相当多的时间和精力去购买物品或兑换成稳定的货币，以便保持货币更多的实际价值。因此，皮鞋成本指消费者或企业为了减少对现金的持有而付出的成本。

毗连区 contiguous zone

毗连沿海国领海，并在领海以外的一定宽度、供沿海国行使关于海关、财政、卫生和移民等方面管制权的一个特定区域。《联合国海洋法公约》第 33 条规定，毗连区的宽度从领海基线量起不超过 24 海里，按照确定宽度形成的水域外缘为毗连区的外部界限。

平潮 still tide

海洋水位上涨到最高的位置一段时间内，潮位不升不降时的状态，时间一般为几十分钟。它的中间时刻称为"高潮时"，而平潮时所达到的高度称为"高潮高"。

平衡潮 equilibrium tide

从静力学平衡的角度出发，假设地球表面都被海水覆盖，海面在任何时刻都能够保持与重力和引潮力的合力处处垂直的理想化的海洋潮汐。

平均海平面 mean sea level

某观测时段的潮位平均值。可分为日平均、月平均、年平均和多年平均海平面等。

平流 advection

大块空气的水平运动。

坪 plateau

泛指山区或丘陵区局部的平地或平原。

Q

奇怪吸引子 strange attractor

一个耗散系统的相空间，当时间趋于无穷大时，如果收缩到一个非整数维的点集，这就是一个奇怪吸引子。

气候变化 climatic change

经过相当一段时间的观察，在自然气候变化之外由人类活动直接或间接地改变全球大气组成所导致的气候改变。

气候变率 climatic variability

反映气候要素变化大小的量，可用该要素的平均方差或平均绝对偏差等作为指标。

气候恶化 climatic deterioration

因自然环境变化或人类活动而造成的气候环境向不利于人类生存方向的变化。

气候突变 abrupt change of climate

气候从一种稳定状态跳跃到或转变为另一种稳定状态的现象。

气候演变 climatic revolution

由于地壳构造的活动（如大陆漂移、造山运动、陆海分布的大尺度变化等）和太阳变化引起的很长时间尺度的气候变化（超过106年的气候变化）。

气候灾害 climate damage

对人类生活和生产造成灾害的气候现象。

气候振荡 climatic oscillation

时间尺度为几年的高频气候变化，如准两年振荡。

气候振动 climatic fluctuation

除去趋势与不连续以外的规则或不规则气候变化，至少包括两个极大值（或极小值）及一个极小值（或极大值）。

气候政治 carbon politics

又称"碳政治"，参见碳政治。

气候资源 climate resources；climatic resources

人类和一切生物生存所依赖的和社会发展可能开发利用的气候要素中的物质、能量、条件及其现象的总体。

气象海啸 storm tsunami

又称"风暴潮"，海面异常的升降现象。

千岛寒流 Oyashio

又称"亲潮"，参见亲潮。

前滨 intertidal zone

又称"潮间带"、"滩涂"、"海滩"。参见潮间带。

前进海岸 advance coast

向海推进的海岸。海岸的位置、形态经常发生变化，多分布于大江河口三角洲地区。

前向关联效应 forward connection effect

主导产业在进行产生之前，有许多产业为其提供原料、燃料和生产设备等而产生的部门关联效应。

浅海带 shallow zone

海岸带深度较小的区域。

浅海养殖 shallow sea culture

利用低潮线以下的浅海水域养殖海水经济动植物的生产活动。

浅滩 bank shoal

高出邻近海底而未露出海面的松散沉积物堆积体，顶部较为平坦，一般水深 20 ~ 200 米。

嵌入性 embeddedness

具有一定连接关系的群体中，主体之间在长期的联系中形成了某些惯例和稳定的关系，并通过这种关系结构影响群体中主体的策略选择，或采取相关行动时的行为倾向。

亲潮 Oyashio

又称"千岛寒流"。太平洋西北部的一支寒流。自堪察加半岛沿千岛群岛和北海道东侧海域南下，在日本东北部海域约北纬 40°附近与黑潮相汇合，并入北太平洋暖流。

倾倒 toppling

通过船舶、航空器、平台或者其他载运工具，向海洋处置废弃物和其他有害物质的行为，包括弃置船舶、航空器、平台及其辅助设施和其他浮动工具的行为。

倾倒区个数 number of dumping zones

报告期内海域倾倒废弃物所使用的海洋倾倒区数量。计量单位：个。

倾倒区面积 dumping zone areas

报告期内海域倾倒废弃物所使用的海洋倾倒区面积情况。计量单位：平方千米。

倾倒区用海 sea area use for dumping zones

倾倒区所占用的海域，用海方式为倾倒。

清洁发展机制 Clean Development Mechanism，CDM

发达国家通过提供资金和技术的方式，与发展中国家开展项目级的合作，通过项目所实现的温室气体减排量，可以由发达国家缔约方用于完成《京都议定书》中的减排承诺。

清洁能源 clearer energy

在生产和使用过程不产生有害物质排放的能源。可再生的、消耗后可得到恢复，或非再生的（如风能、水能、天然气等）及经洁净技术处理过的能源（如洁净煤油等）。

清洁生产 clearer production

既可以满足人们的需要又可以合理使用自然资源和能源并保护环境的实用生产方法和措施。包括清洁的能源、清洁的原料资源、清洁的生产过程、清洁的产品等四个方面的内容。

清洁生产技术 clearer production technology

减少整个产品生命周期对环境的影响的技术。包括节省原材料、消除有毒原材料和削减一切排放和废物数量与毒性。

琼州海峡 Qiongzhou Strait

位于中国海南岛与雷州半岛之间，沟通北部湾与南海的重要通道。

区位熵 quotient of location

产业的效率与效益分析的定量工具，是一种较为普遍的集群识别方法，是用来衡量某一产业的某一方面，在一特定区域的相对集中程度。

区位因素 locational factor

在特定的地点或在某几个同类地点进行经济活动比在其他地区进行同种经济活动可能获得更多利益的各种影响因素的集合。

区域 domain；region；area

拥有多种类型的资源、可以进行多种生产性和非生产性社会经济活动的一片相对较大的空间范围。

区域产业结构 regional industrial structure

特定区域内各经济要素之间的比例关系。

区域创新 regional innovation

一个地区研究、开发、运用和扩散新技术和新知识，并以此促进地区技术进步和产业结构升级，提升区域竞争力的过程。

区域发展不平衡 unbalanced regional development

因地理位置、自然环境、经济发展、政策倾斜、开放程度等条件的差异而形成的不同地区之间经济发展水平的不均衡，是影响社会和谐的一个重要原因。

区域规划 regional planning

区域经济发展战略指导下的区域和产业发展的详细的安排。它包括区域发展、产业发展、土地利用、城镇体系等多方面的内容。

区域海洋学 regional oceanography

综合研究一个海区的各种海洋现象的学科。

区域环境 regional environment

一定地域范围内的自然和社会因素的总和，是一种结构复杂、功能多样的环境。

区域经济补偿政策 regional economic offset policy

财政资金在政府间的再分配，即财政转移支付政策。财政转移支付作为一种重要的援助手段，对于欠发达地区改善公共基础设施、创造良好的投资环境、缩小与发达区域的差距意义重大。

区域经济发展 regional economic development

通过技术创新、产业结构升级以及社会进步实现区域经济发展质量的提高，包括人均收入水平的提高、以技术进步为基础的产业结构升级和城市化水平的提高三层含义。

区域经济发展战略 regional economic development strategy

对区域经济总体发展的设想、思路和谋划。它根据不同地区生产要素条件的分布情况和该地区在国家经济体系中的地位和作用，对地区未来发展的目标、方向和总体思路进行谋划，以达到指导地区经济发展、促进地区经济腾飞的作用。

区域经济发展政策 regional economic development policy

是国家在一定的时期和背景下，为实现特定的目标而制定的一系列关于区域经济发展的政策的总和。

区域经济规划 regional economic planning

区域经济发展战略指导下的区域和产业发展的详细安排。

区域经济合作 regional economic cooperation

不同地区的经济主体，依据一定的协议章程或合同，将生产要素在地区之间重新配置、组合，以便获取最大的经济效益和社会效益的活动。区域经济合作实质上是区域之间的非物质商品贸易。

区域经济核心区 regional economic core area

在全国经济或者区域经济发展中居于主导地位、经济增长快、发展质量较高的地区，是一个国家或地区实现经济发展的主要地区，通常其人均GDP要大大高于全国人均水平。

区域经济结构 regional economic structure

区域内资源配置和各类产业之间的内在联系和比例关系，是影响区域经济增长的重要因素之一。在一定经济体制和企业效率的前提下，区域经济增长与发展状况在很大程度上取决于区域产业结构的先进性和合理性。

区域经济开发 regional economic development

人类运用发展经济的各种手段作用于特定区域的区域经济过程，它是以区域经济增长理论为基础、具有更大使用价值的应用理论。

区域经济学 regional economics

狭义的区域经济学是研究区域经济发展和区际关系的科学，广义的区域经济学是研究区域经济发展一般规律的科学，即它是以特定的地理空间为研究对象，探究各种经济现象在地理空间上发展变化规律的科学。

区域经济增长 regional economic growth

狭义的区域经济增长是指一个区域内的社会总财富的增加，用货币形式表示，就是国内生产总值的增加，用实物表示，就是各种产品生产总量的增加。广义的区域经济增长则还包括对人口数量的控制、人均国民生产总值的提高，以及产品需求量的增加等。

区域经济政策 regional economic policy

政府针对区域问题而制定的一系列政策的总和，它的着重点是区域经济发展，它的必要性是纠正市场机制在资源的空间配置方面的不足，它的目标是实现资源在空间上的优化配置和促进区域经济的协调发展。

区域开发 regional development

人类开发利用各种资源、谋取区域经济增长和区域经济发展的过程，指一定的开发主体对特定区域的自然、经济、技术、文化、社会等各种资源进行综合利用，在保持区域资源、环境、经济、社会和谐统一的前提下，求得最大的经济发展与社会进步。

区域可持续发展 regional sustainable development

协调好区域内人口、资源、环境与经济、社会发展之间的关系与行为，使区域保持和谐、高效、有序、长期的发展能力。

区域空间结构 regional space structure；regional spatial structure
一个国家经济发展中各个地区之间经济发展水平的相互关系。

区域贸易 interregional trade

一个地区与其他地区进行商品交易的活动。

区域投资环境 regional investment environment

存在于受资区域内，能够影响企业生产经营活动过程及其结果的一切企业外部因素的总称。

区域政策 regional policy

由政府针对区域问题而制定的一系列政策的总和，它的着重点是区域经济发展，它的必要性是纠正市场机制在资源的空间配置方面的不足，它的目标是实现资源在空间上的优化配置和促进区域经济的协调发展。区域经济政策是一种典型的政府行为。

区域资源承载力 carrying capacity of regional resources

在一定时期、一定的技术经济条件下，某地区资源对人口增长和经济发展以及生态平衡的支持能力。

210

去中心化试验演化模型 Decentralized Experiment Evolution Model，DEEM

对于结构比较复杂，拥有较多的子系统，制度创新主体具有不同的地位（连接度）和创新能力的制度网络系统，整个制度系统的演化涉及所有的制度、所有的有限理性主体，规模大、复杂程度高、风险大、成本高，因此，应该让不同的制度主体在网络系统内各自进行有效的创新，或有选择地在一些制度主体中进行制度创新的试验，然后再逐步平面式地把有效的、成功的制度创新结果推广到整个制度系统，这样可以有效地减小演化中的不确定性，降低制度系统演化的风险。

全国海岛保护规划 national plan on island protection

为保护海岛及其周边海域生态系统，合理开发利用海岛资源，维护国家海洋权益，促进经济社会可持续发展，依据《中华人民共和国海岛保护法》等法律法规、国民经济和社会发展规划、全国海洋功能区划，结合全国土地利用总体规划纲要（2006—2020 年）、国家海洋事业发展规划等相关规划，制定《全国海岛保护规划》。该《规划》经中华人民共和国国务院批准，2012 年 4 月 19 日国家海洋局正式公布。《规划》分现状与形势，指导思想、基本原则和规划目标，海岛分类保护，重点工程，规划实施保障措施 6 部分。

全国海洋功能区划 national marine functional zoning

国务院海洋行政主管部门会同国务院有关部门和沿海省、自治区、直辖市人民政府开展的，以中华人民共和国内水、领海、海岛、大陆架、专属经济区位划分为对象，以地理区域（包括必要的依托陆域）为划分单元的海洋功能区划。

全球地面观测系统 global earth observing system of systems

由设置在全球各地的传感器、通信设备、存储系统和各种计算机组合而成的，用于观测地球、了解地球的动态过程，以便对一些现象加以预报，监测各国执行环境公约的实际情况等。

全球观测信息网络 Global Observing Information Network，GOIN

全球观测信息网络（GOIN）是 1993 年美国和日本达成的合作协议。其目的是通过信息网络交换全球环境的卫星观测数据，评估现有卫星观测技术系统的优点和弱点并提出改进措施，为建设全球观测信息网络（GOIN）服务。同时，全球观测信息网络（GOIN）也将成为全球信息基础设施的一个组成部分和地球观测系统十分重要的组成部分。现在它已经在全球变化、灾害调查和环境监测等方面，发挥十分重要的作用。

全球海平面观测系统 Global Sea Level Observing System，GLOSS

一个政府间海洋学委员会的计划，其目的是测量海平面全球长期气候变化。自 2004 年印度洋地震后，该计划的目的已经改变为收集海平面的实时数据。该项目目前正在升级 290 多台观测站，以使他们能够通过卫星向新设立的国家海啸中心传送实时数据。他们还在组装太阳能电池板，令观测站即使在恶劣天气下仍能够继续运作。

全球海洋观测系统计划 Global Ocean Observing System，GOOS

政府间海洋学委员会等国际组织 1992 年提出的，对全球沿海和大洋要素进行长期观测建立模型，分析海洋变化的大型国际海洋观测计划。

全球海洋站系统 Integrated Global Ocean Station System，IGOSS

现名全球联合海洋台站网，是计划建立的一个全球性的实时海洋观测服务系统，由大量的国家设备（资料观测、通讯和处理设备）所组成，由政府间海洋学委员会进行协调，总部设在法国巴黎。1967 年开始组建，1968 年开会并作出决议：建立各种有人、无人、固定、可动的海洋浮标观测站，使海洋观测进入自动化、远距离遥测阶段，并利用人造卫星进行海洋观测。1972 年开始执行了温深测量试验计划，1975 年开始执行海洋污染监测试验计划。由于海洋资料获取系统的法律地位与海法问题交织在一起，所以该系统发展比较缓慢。

全球联合海洋通量研究 Joint Global Ocean Flux Study，JGOFS

1990—2004 年由海洋研究科学委员会主持的，研究大气、大洋表层和大洋内部区域，季度至年际碳通量及其对气候变化影响的国际海洋科学研究计划。

全球气候变化 global climate change

在全球范围内，气候平均状态统计学意义上的巨大改变或者持续较长一段时间（典型的为 10 年或更长）的气候变动。气候变化的原因可能是自然的内部进程、外部强迫，或者是人为地持续对大气组成成分和土地利用的改变。

全球气候变暖 global warming

煤炭、石油等化石能源燃烧或砍伐、焚烧森林时，会产生二氧化碳等多种温室气体，这些温室气体存在于大气层中，产生"温室效应"，长时间的积累会导致全球气候变暖。全球变暖会使全球降水量重新分配，冰川和冻土消融，极端气候频繁，海平面上升等，既危害自然生态系统的平衡，更威胁人类的食物供应和居住环境。

全球气候观测计划 Global Climate Observing System，GCOS

由世界气象组织（WMO）、联合国教科文组织（UNESCO）的政府间海洋委员会（IOC）、国际科学联盟理事会（ICSU）、联合国环境规划署（UNEP）于 1992 年共同发起，该计划主要是通过制订发展计划、提供技术帮助和政策指导等手段，在各种国际观测计划和各国观测系统之间建立起协调机制。它主要研究对象是整个气候系统，包括各种物理的、化学的、生物的过程，以及大气的、海洋的、水文的、冰层的和陆地的过程。

全球性海平面变化 global sea level change

广义上指第四纪时期因冰期与间冰期交替导致的海面变化。狭义主要指工业革命以来近 300 年的时间里，人类活动造成的温室效应使全球气候变暖、冰川融化导致的全球海平面上升。

全球有害藻华的生态学与海洋学研究计划 Program on the Global E-cology and Oceanography of Harmful Algal Blooms，GEOHAB

2001 年由海洋研究科学委员会领导和组织的有害藻华观测和预报合作研究的国际协调计划。

裙礁 fringing reef

又称"岸礁"、"裙礁"，参见岸礁。

群岛 island group；archipelago；islands

一群岛屿，包括若干岛屿的若干部分、相连的水域或其他自然地形，彼此密切相关，以致这种岛屿、水域和其他自然地形在本质上构成一个地理、经济和政治的实体，或在历史上已被视为这种实体。

群岛国 archipelago state

全部由一个或者多个群岛构成的国家，并可包括其他岛屿。

群岛基线 archipelagic baseline

一条连接群岛相邻各基点（群岛最外缘岛屿和干礁的最外缘各点）构成的折线。群岛国确定的国家领海基线。《联合国海洋法公约》规定："群岛国可划定连接群岛最外缘各岛和各干礁的最外缘各点的直线群岛基线，但这种基线应包括主要的岛屿和一个区域"，"这种基线的长度不应超过100海里。但围绕任何群岛的基线总数中至多3%可超过该长度，最长以125海里为限"。

群岛水域 archipelagic waters

群岛基线所包围的水域，该水域的海床、底土和上空，以及其中资源均属于群岛国的主权范围，受群岛国主权的支配。

群岛原则 archipelagic principle

解决有关群岛问题的原则。按照《联合国海洋法公约》规定，群岛原则的内容主要包括：组成群岛国的各岛屿和其他自然地形应当在本质上构成一个地理、经济和政治的实体，或在历史上已被视为这种实体；群岛国主权及于群岛水域及其上空、海床和底土，以及其中所包含的资源；在群岛水域内，其他国家享有无害通过权、群岛海道通过权；"群岛国应尊重与其他国家间的现有协定，并应承认直接相邻国家在群岛水域的某些区域内的传统捕鱼权利和其他合法活动"（《联合国海洋法公约》第 51 条）。

群落均匀度 community evenness

生物群落中各物种间数量分布的均匀程度。

群落空间格局 spatial pattern of community

沿一定的环境梯度（如纬度梯度、水深、温度梯度、盐度梯度、营养盐梯度、底质类型等）海洋生物群落结构发生相应改变而形成的分布型。

群落生态学 community ecology

研究栖息于同一地域中所有种群集合体的组成特点、彼此之间及其与环境之间的相互关系、群落结构的形成及变化机制等问题的学科。

群落演变 temporal change of community

生物群落的结构随时间而发生的变化。

R

热带海洋与全球大气实验 Tropical Oceans Global Atmosphere Project, TOGA

研究热带海洋及全球大气年际变动的国际合作计划。目的是研究南北纬20度跨距的热带海洋和全球大气气候逐年变动，从而确定变动机制及变化预测性机制。该项计划从1985年1月开始，为期10年，10年观测、实时记录海面水位、海面粗糙度、表层海流等。鉴于海洋和大气是紧密耦合的统一系统，热带海洋地球大气计划将有助于提高中、长期天气预报的准确性。

热岛效应 heat island effect; effect of heat island

城市气候的主要特征之一。由于城市中辐射状况的改变，工业余热和生活余热的存在，蒸发耗热的减少，而形成的城市市区温度高于郊区温度的一种小气候现象。

热力学第二定律 second law of thermodynamics

不可能把热从低温物体传到高温物体而不产生其他影响，不可能从单一热源取热使之完全转换为有用的功而不产生其他影响，不可逆热力过程中熵的微增量总是大于零。

热力学第三定律 third law of thermodynamics

不可能用有限个手段和程序使一个物体冷却到绝对温度零度。

热力学第一定律 first law of thermodynamics

热力系内物质的能量可以传递，其形式可以转换，在转换和传递过程中各种形式能源的总量保持不变。

216

热污染 thermal pollution

现代工业生产和生活中排放的废热所造成的环境污染。

热盐对流 thermohaline convection

海水在垂直方向上由于温度与盐度的显著差异而引起的双向运动。

人地关系 man – land relationship

人们对人类与地理环境之间关系的一种简称。对它的经典解释是人类社会及其活动与自然环境之间的关系，非经典解释认为人地关系是指人类社会生存与发展或人类活动与地理环境（广义的）的关系。

人工岛 artificial island

人工建筑或拓固礁石形成的岛屿。《联合国海洋法公约》规定："人工岛屿、设施和建筑物不具有岛屿地位，它们没有自己的领海，其存在也不影响领海、专属经济区或大陆架界限的划定"（《联合国海洋法公约》第60条第8款）；"这种人工岛屿、设施的建造或拆除必须妥为通知，并对其存在必须维持永久性的警告方法。已放弃或不再使用的任何废弃设施或结构，应予以拆除，以确保航行安全。"（《联合国海洋法公约》第60条第3款）

人工海岸 artificial coast

用石块、混凝土和砖石等材料人工修筑的海岸，具有一定的倾斜度。

人工海滩 artificial beach

用人工方法，使沉积物堆积形成的海滩。

人工湖 artificial lake；man-made lake

人工湖即水库，用于拦洪蓄水和调节水流的水利工程建筑物，可以用来灌溉、发电和养鱼。在某些地方，人工湖是以一种景观、建筑等方式存在的。

人工沙滩 artificial beach

在海岸受冲刷地段采用人工补沙方法恢复沙滩原貌或抛填成新的沙滩，称为人工沙滩。一般在附近有大量沙源时采用，或结合疏浚工程吹填。人工沙滩也用于建造海滨浴场或海滨休闲地。

人工鱼礁 artificial fish reef

有目的地向海底投放石块、混凝土块、废旧车船等物体而形成的暗礁。可吸引海洋生物来此繁衍生息，增加渔获量。

人工鱼礁用海 sea area use for artificial fish reefs

通过构筑人工鱼礁进行增养殖生产的海域。

人海关系 man-sea relationship

人类活动与海洋（资源、环境、灾害等各种要素结构）之间的互感互动关系。它是人地关系的天然组成部分，一方面反映海洋对人类社会的影响与作用，另一方面表达了人类对海洋的认识与把握，突出人海相互作用过程中的彼此响应和反馈。

人口承载能力 population carrying capacity

在一定地域范围内由未来各时期制约和影响可承载人口数量的人口、资源、环境、社会及经济发展等因素构成的复杂综合体。资源、环境、社会及经济发展等因素是人口承载能力的基础和依托，人类消费活动则通过对其他子系统的反作用，影响人口承载能力。人均消费或占有量是直接决定可承载人口数量的重要因素之一。

人类共同继承财产 common heritage of mankind

国际法确认的任何国家、法人或自然人不得据为己有或行使主权的公海、外层空间、南极大陆及其自然资源。所谓国际法确认的是指由《联合国海洋法公约》、《外层空间条约》和《南极条约》所规定的。

人力资本 human capital

在人力资源的基础上派生出来的，具体是指以人力资源为核心，主要以人的能力的利用、开发为表现的，包括教育、工作经验以及人口的健康营养状况等因素在内的资本形式。

人力资源 human resources

又称"劳动资源"、"劳动力资源"，指某种范围内的人口总体所具有的劳动能力的总和。

人造海水 artificial sea water

用化学试剂模拟海水的化学成分配制的水溶液。

人致气候变化 anthropogenic climate change

由于人类活动的结果（如森林砍伐、飞机飞行、汽车排放、工农业生产）而造成的气候变化。

日本海 Japan Sea

位于日本群岛和亚洲大陆之间，太平洋西北部的边缘海。

溶沟 grike

地表径流沿着可溶性岩石的节理、层面和裂隙不断进行溶蚀和侵蚀所形成的沟道。

溶解氧 dissolved oxygen，DO

溶解于水中的游离氧。

溶蚀 corrosion

地下水和地表水相结合，对以碳酸盐岩为主的可溶性岩石的化学溶解和侵蚀作用。

软体动物学 malacology

研究软体动物的分类、形态、繁殖、发育、生态、生理、生化、地理分布及其与人类关系的学科。

软系统 soft systems

又称"不良结构（ill‐structured）系统"，是指机理不清，很难用明确的数学模型描述的系统，如社会系统和生物系统。

S

沙坝 bar; barrier

滨海沙砾或卵石顺延海岸方向所构成的狭长形海岸堆积地貌，形如堤坝，故名沙坝。

沙沟 rill mark

大陆架上发育的长条状沙质浅沟。

沙脊 sand ridge

大陆架上长条状沙质堆积体，一般可长达数千米至数十千米，相对高差数米。

沙脊群 sand ridges

陆架上多个条带状沙脊和冲刷沟谷相间排列而成的地理实体，其形态多呈辐射状。

沙丘海岸 dune coast

沙丘分布的海岸，分布于中国北戴河、秦皇岛、滦河口、蓬莱和湛江一带。

沙洲 shoal

在河床中部或两侧、海滨或浅海中，由泥沙堆积而成的大片地面。

沙嘴 spit; sand spit

向海突出的一种低平狭隘的海岸堆积地貌，略似镰刀形，基部依附陆地，前端突出海中。主要由泥沙经沿岸流搬运堆积而成，常见于海湾岬角处和河口附近。

砂土液化 liquefaction of sand

饱和砂土的抗剪强度趋于零，由固体状态转化为液体状态的过程和现象。

山东半岛蓝色经济区 Shandong Peninsula Blue Economic Zone

依托海洋资源，以劳动地域分工为基础形成的、以海洋产业为主要支撑的地理区域，是涵盖了自然生态、社会经济、科技文化诸多因素的复合功能区。基本特征是：依托海洋，海陆统筹。

山脊 ridge

海岭上呈线状延伸的最高部分。

山间盆地 intermountain basins

又称"盆地"，指海山或海丘之间地形低洼、相对封闭的区域，底部地形平坦。

珊瑚岛 coral island

海洋岛的一种。由珊瑚礁构成的岩石岛或珊瑚礁上的珊瑚碎屑形成的沙岛。

珊瑚礁 coral reef

造礁珊瑚及其他造礁生物对生成礁的钙物质长期积累沉积，形成珊瑚礁。

珊瑚礁海岸 coral reef coast

珊瑚礁堆积组成的海岸，有的岸段由珊瑚遗体凝结成坚固的珊瑚礁体。

扇形三角洲 fan delta; fan-shaped delta; arcuate delta

海水较浅、河流含沙量较多且河口区汊流也较多的自然条件下形成的三角洲，常见其外形似扇形。

商品货币 commodity money

本身具有价值，商品价值与货币价值相等的货币，并能作为交换媒介的实物商品。

熵 entropy

系统中无序或无效能状态的度量。熵在系统中作为事物不确定性的表征。

上层 upper layer; epipelagic zone

大洋中被太阳辐射加热的温度较高、密度较小、垂向混合较均匀、厚约 100 米的水层。

上层水 upper water

海洋的表层水和次表层水的总称。

上升海岸 coast of emergence; elevated coast

因陆地上升或海面下降或因陆地上升超过海面上升量而形成的海岸。上升的沿岸常形成海岸阶地和高出现代海面的海蚀洞等；斜缓的浅海底，上升后露出水面形成淤泥质或沙质海岸。

上升海滩 elevated beach

地壳上升、海面相对下降形成的海滩。

上升流 upwelling

从深层向上涌升的海水流动。

社会资源 social resources

一定时空条件下，人类通过自身劳动在开发利用自然资源过程中所提供的物质和精神财富的统称。社会资源包括的范围十分广泛，在当前的技术经济条件下，主要是指构成社会生产力要素的劳动力资源、教育资源、资本资源、科技资源等非实物形态的资源。

涉海保险辅助服务 auxiliary services of sea-related insurance

为海洋生产和管理服务的保险代理、评估、监督、咨询的辅助活动。

涉海财务及税务服务 sea-related financial and tax services

为海洋企事业机构提供会计、审计及税务服务，如海洋资产评估等。

涉海法律及公证服务 sea-related legal and notarial services

为海洋企业提供的法律、公证、仲裁等服务。

涉海房屋建筑 sea-related housing construction

沿海地区及涉海单位房屋主体工程的施工活动，包括厂房、办公用房、宾馆饭店等。

涉海非人寿保险 sea-related non-life insurance

为保障海洋生产和管理提供的保险活动，如海洋交通运输保险。

涉海服务业 sea-related service industry

包括海洋餐饮服务、滨海公共运输服务、海洋金融服务、涉海特色服务和涉海商务服务等涉海服务活动。

涉海广告服务 sea-related ad services

为海洋企业或产品等提供的各种有偿宣传活动。

涉海会展服务 sea-related exhibition services

为海洋产品流通和展示、经贸洽谈和交流、国际往来等举办的展览和会议服务。

涉海建筑工程安装 sea-related building engineering installation

涉海工程建筑物主体工程竣工后，建筑物内的各种设备安装。如港口、码头的照明和电力设备等安装。

涉海建筑与安装业 sea-related construction and installation industry

涉海单位房屋建筑的施工活动及其设备的安装。

涉海企业投资服务 sea-related enterprise investment services

具有法人资格的海洋企业的资产管理、协调管理及与海洋生产相关的投资与资产管理活动。

涉海人寿保险 sea-related life insurance

专门为海洋从业人员和滨海游客提供的人寿保险活动。

涉海市场调查服务 sea-related market research services

为海洋管理提供的社会经济调查活动，如海洋经济调查、海洋统计调查等。

涉海知识产权服务 sea-related intellectual property services

对海洋专利、商标、版权、著作权、软件等的代理、转让、登记、鉴定、评估、认证、咨询、检索等服务。

涉海咨询服务 marine advisory services

为海洋企事业单位提供与海洋社会经济和海洋专业技术有关的咨询、策划、设计等活动。

深层 deep layer; bathypelagic zone

大洋中中层以下温度、盐度、密度较均匀的水层。

深度基准 sounding datum

海图所注水深的深度起算面。中国沿海地区一般采用"理论最低潮面"作为深度基准。

深海 deep sea

大陆架以外的大陆斜坡和海洋带。实践中，常因不同的行业对深海的深度有不同的标准。海洋专业一般把 2 000 米以下作为深海；但养殖业将 200 米以下即作为深海养殖。

深海沉积 abyssal sediment

大洋中 2 000 米以深的深海范围内的沉积，既有生源沉积物，又有非生源沉积物。

深海带 bathyal zone

远离大陆的深海地带，深度为 2 000 ~ 6 000 米。

深海堤 submarine levee

位于海底峡谷、海底谷、海槽边沿处自然沉积形成的堤状堆积体。

深海底栖生物 bathyal benthos

生活于水深介于 200 ~ 2 000 米间的深海底栖带的底栖生物。

深海黏土 abyssal clay；deep clay

又称"远洋黏土"、"褐黏土"、"红黏土"，深海呈褐红色、棕红色分布的黏土，分布于深海、粒径小于或等于 0.003 9 毫米的沉积物。

深海平原 abyssal plain

大洋盆地底部的平坦区域，通常位于陆坡（陆隆）和海底丘陵之间，水深一般为 3 000 ~ 5 000 米。

深海丘陵 abyssal hill

大洋底小面积隆起的地带。由熔岩流和岩盖组成，起伏数十米至数百米，坡度较小，外形多呈圆形、椭圆形，也有长条状分布，趋向于成列出现。如平行的山脊，宽 1 ~ 10 千米。

深海区 abysmal area

水深在 2 ~ 10 千米的海域。

深海扇 fan

又称"海底扇"，大陆坡坡麓海底峡谷前缘向外倾斜延伸的扇状堆积体，地形起伏小，表面多沟谷分布。

深海生态系统 deep-sea ecosystem

大陆架以外深水水域的海底区和水层区所有海洋生物群落与其周围无光、低温、压力大而无植物分布的环境进行物质交换和能量传递所形成的统一整体。

深海生态学 deep-sea ecology

研究在大陆架以外深层水域及海底生活的生物在高压、无光、低温条件下的栖息活动及其与环境因子间相互关系的学科。

深海生物 deep-sea organisms

生活于海洋中 200 米以深的生物或比大陆架更深的海底区和水层区生物。

深海洋底 deep ocean floor

大陆边缘以外的深洋底的表面及洋脊，大陆边缘既不包括深洋底的表面及洋脊，也不包括其底土。

深海钻井 ocean drilling

油气勘探或开发在水深大于 300 米的海域所钻的钻井。

深水养殖 deep-water aquiculture

在水深 83 米以下海域进行水产经济动植物养殖的生产活动。

深渊带 abyssal zone

深海中轮廓清楚的"凹"形地区，深度大于 6000 米。

渗透压调节 osmoregulation

在一定范围内，生物维持体内盐分和体液平衡而使之能适应不同盐度环境的机制。

升值 appreciation

按所能购买到的外国通货量衡量的一国通货的价值增加。

生产率 productivity

每单位劳动投入所生产的物品和劳务的数量。

生产率金字塔 pyramid of production rate

在一个稳定的生态系统中，由最低层生产率最大的自养植物、上一层的植食性动物和最上层生产率最小的肉食性动物形成的金字塔状的营养层。

生产要素禀赋 production factor endowments

区域内各种生产要素的相对丰裕程度。

生产者物价指数 producer price index，PPI

企业购买的一篮子物品与劳务的费用的衡量指标。

生化需氧量 biochemical oxygen demand，BOD

在有氧条件下，水中有机物在被微生物分解的生物化学过程中所消耗的溶解氧量。

生态安全 ecological security

人的环境权利及其实现受到保护，自然环境和人的健康及生命活动处于无生态危险或不受生态危险威胁的状态，是国家安全的重要组成部分。

生态补偿制度 ecological compensation system

通过对生态投资者的合理回报，激励人们从事生态保护投资，并使生态资本增值的一种经济制度。广义的生态补偿包括污染环境的补偿和生态功能的补偿。狭义的生态补偿仅指生态功能的补偿。是解决生态产品有效供给的重要途径。补偿对象可分为：（1）对生态保护做出贡献者；（2）生态破坏中的受损者，又分为生态破坏过程中的受害者和生态治理过程中的受害者；（3）减少生态破坏者。补偿的效果可分为"输血型"和"造血型"补偿。前者指政府或补偿者将筹集起来的补偿资金定期转移给被补偿方。优点是被补偿方拥有极大的灵活性，缺点是补偿资金可能转化为消费性支出，不能从机制上帮助受补偿方真正做到"因保护生态资源而富"。后者通常是与扶贫和地方发展相结合的机制，优点是可以扶植被补偿方的可持续发展，缺点是被补偿方缺少了灵活支付能力，而且项目投资还得有合适的主体。

生态承载力 ecosystem carrying capacity；ecological capacity

一定条件下生态系统为人类活动和生物生存所能持续提供的最大生态服务能力，特别是资源与环境的最大供容能力。

生态城市 eco-city

社会、经济、自然协调发展，物质、能量、信息高效利用，技术、文化与景观充分融合，人与自然的潜力得到充分发挥，居民身心健康，生态持续和谐的集约型人类聚居地。

生态功能区划 ecological function regionalization

针对一定区域内自然地理环境分异性、生态系统多样性以及经济与社会发展不均衡性的现状，结合自然资源保护和可持续开发利用的思想，整合与分异生态系统服务功能对区域人类活动影响的生态敏感性，将区域空间划分为不同生态功能区的研究过程。

生态环境 ecological environment

影响人类与生物生存和发展的一切外界条件的总和，包括生物因子（如植物、动物等）和非生物因子（如光、水分、大气、土壤等）。

生态技术 ecological technology

遵循生态学原理和生态经济规律，以保护环境，维持生态平衡，节约能源、资源，促进人与自然和谐、实现经济社会可持续发展的技术手段和方法。

生态建设 ecological construction

根据生态学原理，对受害或受损的生态系统，通过一定的生物、生态以及工程技术和方法，人为地改变和切断生态系统中受害或受损的主导因子或过程，调整、配置和优化系统内部及其与外界物质、能量和信息流动过程和时空秩序，使生态系统的结构、功能和生态学潜力，尽快地成功恢复到一定的或原有的乃至更高水平的过程。

生态经济学 eco-economics；ecological economics

从经济学角度研究生态系统和经济系统复合而成的结构、功能及其运动规律的学科。

生态可持续论 ecological sustainable theory

人们在制定改造自然的实践活动和实施改造自然的实践过程中，必须考虑到生态系统自身的需要，注重生态的可持续承载力与生态系统的弹性力，维护生态平衡，实现生态与人类社会的可持续发展。

生态敏感区 ecological sensitive area

在维持区域生态平衡或生态功能上具有重要作用并极易发生变动和遭受损害的区域。

生态能量学 ecological energetics

研究生态系统不同营养级之间能量转换的学科。

生态区 ecotope；biome

一组地理上共生的群落，反映了特定的气候、植被和土壤等生态条件，以具有一批独特的顶级物种为特征，如热带雨林、沙漠等生态域。同一生态区在不同地区物种成分有所不同。

生态位 niche

一种生物在生物群落中的生活地位、活动特性以及它与食物、敌害的关系等的综合境况，是一种生物在其栖息环境中所占据的特定部分或最小的单位。

生态文明 ecological civilization

物质文明与精神文明在自然与社会生态关系上的具体体现，包括对天人关系的认知、人类行为的规范、社会经济体制、生产消费行为、有关天人关系的物态和心态产品、社会精神面貌等方面的体制合理性、决策科学性、资源节约性、环境友好性、生活俭朴性、行为自觉性、公众参与性和系统和谐性。

生态系统 ecological system

在一定空间范围内，植物、动物、真菌、微生物群落与其非生命环境，通过能量流动和物质循环而形成的相互作用、相互依存的动态复合体。

生态型 ecotype

由美国植物学家图雷森（G. W. Turesson）于 1992 年提出。指物种表型在特定的生境中产生的变异群，是同种中最小单位的种群，位于种群之下。

生态学 ecology

研究生命系统与其环境之间相互关系的学科。

生态压力 ecological stress

来自陆地、海洋、大气的自然干扰和人类活动对海洋生态系统产生的胁迫。

生态演替 ecological succession

一定地区内,群落的物种组成、结构及功能随着时间进程而发生的连续的、单向的、有序的自然演变过程。

生态因子 ecological factor

生物或生态系统的周围环境因素。

生态影响评价 ecological impact assessment

通过定量揭示和预测人类活动对生态影响及其对人类健康和经济发展作用的分析确定一个地区的生态负荷或环境容量。

生态渔业 ecological fishery

根据鱼类与其他生物间的共生互补原理,利用水陆物质循环系统,通过采取相应的技术和管理措施,实现保持生态平衡,提高养殖效益的一种养殖模式。

生态与资源恢复区 ecology and resources recovery areas

生境比较脆弱,生态与其他海洋资源遭受破坏需要通过有效措施得以恢复、修复的区域。

生态足迹 ecological foot-print

〈生态学〉维持一个人、地区、国家或者全球的生存所需要的以及能够吸纳人类所排放的废物、具有生态生产力的地域面积,是对一定区域内人类活动的自然生态影响的一种测度。

〈资源科技〉生产区域或资源消费单元所消费的资源和接纳其产生的废弃物所占用的生物生产性空间。

生物泵 biological pump

由有机体所产生的，经过消费、传递和分解等一系列生物学过程构成的碳从海洋表层向深层转移或沉降的整个过程。

生物带 biocycle；biozone

海洋生物水平和垂直的带状分布，各带具有独特的动物和植物群落。

生物地球化学循环 biogeochemical cycles

环境中的无机物通过自养生物合成有机物，后者经过食物链最终又进入环境，再被循环利用的过程。

生物多样性 biodiversity

〈海洋科技〉遗传基因、物种和生态系统三个层次多样性的总称。

〈生态学〉生物类群层次结构和功能的多样性。包括遗传多样性、物种多样性、生态系统多样性和景观多样性。

生物海洋学 biological oceanography

研究海洋生物发生、发展、运动变化和海洋水体、基底结构及各种动态过程间相互关系的学科。

生物量 biomass

单位面积或体积内生物的量，一般以湿重或干重计。广义上，生物的密度、体积厚度、覆盖面积等也都是生物量的一种表示方法。

生物气候学 bioclimatics

研究生命有机体与气候环境条件相互关系的学科。

生物侵蚀 bioerosion

各类生物对基底的分解，如对珊瑚礁碳酸钙的分解。

生物圈 biosphere

地球上存在生物有机体的圈层。包括大气圈的下层、岩石圈的上层、整个水圈和土壤圈全部。

生物群落 biocoene；biocoenosis；biome

在相同时间聚集在一定地域或生境中各种生物种群的集合。

生物扰动 bioturbation

软底沉积物层次和化学成分被底内动物运动和摄食活动所搅和的现象。

生物液体燃料 biological liquid fuels

利用生物质资源生产的甲醇、乙醇和生物柴油等液体燃料。

生物遗传基因资源 biological genetic resources

能够产生生理活性物质的生物资源。

生物噪声 biological noise

海洋中一些动物发出的噪声。

生物质能 biomass energy

利用自然界的植物、粪便以及城乡有机废物转化成的能源。

生物资源 living resources；biological resources

对人类具有实际的或潜在的价值与用途的遗传资源、生物体、种群或生态系统及其中的任何组分的总称。

省级海洋功能区划 provincial marine functional zoning

省级人民政府海洋行政主管部门会同本级人民政府有关部门，依据全国海洋功能区划开展的，以本级人民政府所辖海域及海岛为划分对象，以地理区域和海洋功能区为划分单元的海洋功能区划，其范围为自海岸线（平均大潮高潮线）至领海的外部界限，可根据实际情况向陆地适当延伸。

剩余海面高 residual sea surface height

包含有各种误差在内的瞬时海面地形，对交叉点进行平差有重要的作用。

湿地生态学 wetland ecology

研究各种类型沼泽湿地生态系统的群落结构、功能、生态过程和演化规律及其与理化因子、生物组分之间相互作用机制的学科。

实际 GDP real Gross Domestic Product，real GDP

用从前某一年作为基期价格计算出来的全部最终产品的市场价值。

实际汇率 real exchange rate

两国产品的相对价格。实际汇率有时称为贸易条件（terms of trade），它告诉我们能按什么比率用一国的产品交换另一国的产品。

实际使用外资金额 actual amount of foreign investments

我国各级政府、部门、企业和其他经济组织通过对外借款、吸收外商直接投资以及用其他方式筹措的境外现汇、设备、技术等。计量单位：亿元。

实际支出 actual expenditure

家庭、企业和政府花在产品和服务上的数额。

实验海洋生物学 experimental marine biology

对海洋生物的形态发生、生理、生态、遗传等生命现象，用活体和离体的组织、细胞进行实验研究，以探索生物的生命活动规律的学科。

世界海洋环流试验 World Ocean Circulation Experiment, WOCE

由政府间海洋学委员会发起的，在1990—2002年期间实施的大型国际合作海洋环流观测和研究计划。

世界环境与发展委员会 World Commission on Environment and Development

1983年第38届联合国大会通过成立的决议，1984年5月正式成立，并由联合国秘书长提名挪威工党当时领袖布伦特兰夫人（Brundtland）任委员会主席。委员会的主要任务是：审查世界环境和发展的关键问题，创造性地提出解决这些问题的现实行动建议，提高个人、团体、企业界、研究机构和各国政府对环境与发展的认识水平。在1987年于东京召开的环境特别会议上提出极具影响力的报告《我们共同的未来》。

世界气候研究计划 World Climate Research Programme, WCRP

世界气候研究计划（WCRP）由世界气象组织与国际科学联合会联合主持，以气候的可预报程度和人类活动对气候的影响为目标，主要研究地球系统中有关气候的物理过程，涉及整个气候系统。其主要部分是大气、海洋、低温层（冰雪圈）和陆地以及这些组成部分之间的相互作用和反馈。此计划在20世纪70年代开始酝酿，80年代开始执行，是全球变化研究中开展得较早的一个计划。

世界气象组织 World Meteorological Organization, WMO

世界气象组织是联合国的专门机构之一。其前身为国际气象组织（International Meteorological Organization, IMO），于1873年在维也纳成立。是世界各国政府间开展气象业务和气象科学合作活动的国际机构。

世界自然基金会 World Wide Fund For Nature，WWF

该组织成立于1961年，总部设于瑞士，是在全球享有盛誉的、最大的独立性非政府环境保护组织之一，致力于环保事业，在全世界拥有将近520万支持者和一个在100多个国家活跃着的网络。WWF致力于遏止地球自然环境的恶化，保护世界生物多样性；确保可再生自然资源的可持续利用；推动降低污染和减少浪费性消费的行动，创造人类与自然和谐相处的美好未来。

市、县级海洋功能区划 city（or country）marine functional zoning

市、县级人民政府海洋行政主管部门会同本级人民政府有关部门，依据上级海洋功能区划开展的，以本级人民政府所辖海域及海岛为划分对象，以海洋功能区为划分单元的海洋功能区划。

市场风险 market risk；market exposure

因股市价格、利率、汇率等的变动而导致价值未预料到的潜在损失的风险。因此，市场风险包括权益风险、汇率风险、利率风险以及商品风险。

市场区位论 market location theory

区位论对市场因素的研究，标志着古典区位论向现代区位论的转化。市场区位论产生于垄断资本主义时代，这一学派的主要观点是：产业布局必须充分考虑市场因素，尽量将企业布局在利润最大的区位。

适度利用区 moderate utilization zone

根据自然属性和开发现状，可供人类适度利用的海域或海岛区域。适度利用是指开发项目不以破坏海域或海岛的地质地貌、生态环境和资源特征为前提。

收益递减 diminishing returns

随着投入量的增加，每一单位额外投入得到的收益减少的特性。

受水面积 catchment area；water collecting area；drainage area

又称"汇水面积"、"流域面积"，参见汇水面积。

受限生成过程 constrained generating procedures, CGP

受限生成过程是对涌现现象一种有效的描述方法。涌现生成的模型是动态的，体现为一种"过程"状态，支撑这个生成模型不断动态变化的是各个组元之间机制的"约束"或"限制"，通过相互作用诱发或生成了模型的新行为。

数字城市 digital city

在城市规划、建设与运营管理以及城市生产和生活中，充分利用数字化信息处理技术和网络通信技术，把城市的各种信息资源加以整合并充分利用。究其实质，就是使数字技术、信息技术、网络技术渗透到城市活动的每一个方面、每一个角落，使数字成为城市活动的神经系统。数字化本质上是信息化。

数字海图 digital chart

以数字形式存储在磁带、磁盘、光盘等介质上的航海图。

衰退 recession

经济经历产出下降和失业上升的时期时，经济被称为处于衰退中。

双扩散 double diffusion

由热量和盐度的分子扩散系数差异而引起的微尺度海水运动现象。

双中心型城镇体系 two-center urban system

在一些地区的城镇体系中，最大的城市无论在规模上，还是在经济社会地位上都与第二位城市不相上下，这样的城镇体系被称为双中心型城镇体系。

水产品 aquatic products；fishery products

海水或淡水经济动植物及其加工品。

水产品产量 production of aquatic products

由国营企业、事业单位、城乡集体所有制合作经济组织、个体渔业和农民家庭副业经营以及各种合资、合作联合经营的水产品数量，即全社会的水产品数量。计量单位：万吨。

水产养殖 aquiculture；aquaculture

利用各种水域或滩涂养殖经济水产动植物的生产活动。

水产种质资源保护区 aquatic species protection zones

国家保护水产种质资源及其生存环境，并在具有较高经济价值和遗传育种的水产种质资源的主要生长繁殖区域建立水产种质资源保护区。未经国务院渔业行政主管部门批准，任何单位或者个人不得在水产种质资源保护区从事捕捞活动。

水环境 water environment

自然环境的一个重要组成部分，指自然界各类水体在系统中所处的状况。

水环境容量 water environmental capacity

研究水域在一定的自然条件和社会需求目标下，所允许容纳的污染物上限，即水环境功能不受破坏的条件下，受纳水体能够接受污染物的最大数量。

水环境要素 water environmental factor

反映水环境状态的各个独立的、性质不同而又相互联系的基本物质组分。

水利工程 hydro project; water project; hydraulic engineering

对自然界的地表水和地下水进行控制、治理、调配、保护，开发利用，以达到除害兴利的目的而修建的工程。

水能资源 hydropower resources

以势能、动能等形式存在于江河湖海中水体的能量资源。

水平区域经济合作 horizontal region economic cooperation

合作双方经济发展水平大致相当，企业生产商品在产品生命循环阶段上所处层次大体相同，双方提供生产要素的技术含量基本一致的协作活动。

水深 sounding

自深度基准至水底的垂直距离。

水生动物 aquatic fauna; hydrocole

在水中生活的异养生物。它们自身不能制造食物，营养靠摄食植物、其他动物和有机残体获得。

水生环境 aquatic environment

水生生物生存的外部环境介质。由流水和静水环境，前者如池塘、湖泊、沼泽、水库，后者如江河、溪流、泉水、沟渠。不同的水生环境理化性质不同。

水生生态系统 aquatic ecosystem

水域系统中生物与生物、生物与非生物成分之间相互作用的统一体。

水生生物 aquatic life; aquatic organism; hydrobiont

全部或部分生活在各种水域中的动物和植物。包括淡水生物和海洋生物。

水生生物学 hydrobiology

研究水域环境中的生命现象和生物学过程及其与环境因子间相互关系的学科。

水生植物 aquatic flora；hydrophyte；aquatic plant

至少有一部分生命阶段是在水中度过的植物。

水土流失 water and soil loss；water loss and soil erosion

缺少有效保护的土壤不能有效地将水分保持在土壤中而造成水分流失的现象，同时伴随水的流失，产生对土壤的侵蚀和冲刷，也使土壤流失。

水团 water mass

源地和形成机制相近，具有比较均匀的物理、化学和生物特征及大体一致的变化趋势，而与周围海水存在明显差异的宏大水体。

水文 hydrology

水在自然界的各种变化和运动情况。雨水的分布和大小，江河湖泊水面的高低，江河水流的快慢和流量多少，以及水流中泥沙、盐类含量等现象，都是水文现象。计划一个水利工程前，必须了解这个区域里的各种情况才能有周密的根治计划。

水文地质单元 hydrogeologic unit

具有统一补给边界和补给、径流、排泄条件的地下水系统。

水文地质分区 hydrogeological division

针对不同目的将研究区按水文地质条件的差异性而划分的若干个块段。

水文地质条件 hydrogeological condition

地下水埋藏、分布、补给、径流和排泄条件，水质和水量及其形成地质条件等的总称。

水文循环 hydrologic cycle

地球上的水从地表蒸发，凝结成云，降水到径流，积累到土中或水域，再次蒸发，进行周而复始的循环过程。

水污染 water pollution

水体因某种物质的介入，而导致其化学、物理、生物或者放射性等方面特性的改变，从而影响水的有效利用，危害人体健康或者破坏生态环境，造成水质恶化的现象。

水下岸坡 subaqueous slope of coast

低潮线至波浪作用基面之间的地带。本标准规定，水下岸坡下界不超过海图 20m 水深。

水下三角洲 subaqueous delta

河口外的大陆架上形成的扇状泥沙堆积体，地形向海倾斜，表面滩、沟相间。

水下峡谷 submarine valley

又称"海底谷底"、"海底峡谷"，参见海底谷底。

水消费量 water consumption

报告期间企业实际消费各种水的数量，包括地表水、地下水、自来水、由管道供应的未经达标处理的水、经城市污水处理厂处理后回用的中水、海水，包括热水、地热水。水消费量 = 水的消费金额/水的单价。计量单位：立方米（吨）。

水循环 water cycle；water circulation；hydrological cycle

又称"水文循环"。岩石圈、水圈、生物圈中的水分通过蒸发蒸腾作用进入大气圈，在适当条件下又以降水形式进入岩石圈、水圈、生物圈的不断循环过程。

水盐均衡 water-salt balance

地下水的水量和盐分的收入项和支出项的对比关系，是土壤改良水文地质的研究内容之一。

水质标准 water quality standard

国家规定的各种用水和排放水在物理性质、化学性质和生物性质方面的要求。

水资源承载力 water resources supporting capacity；water resource carrying capacity

〈地理学〉在一定的社会经济和技术条件下，在水资源可持续利用前提下，某一区域（流域）当地水资源能够维系和支撑的最大人口和经济规模（或总量）。

〈资源科技〉一定范围内，可利用水资源能够维护和支撑人类社会和自然环境生存与发展的能力。

水资源总量 total water resources

评价区内降水形成的地表和地下产水总量，即地表产流量与降水入渗补给地下水量之和，不包括过境水量。计量单位：立方米。

税收乘数 tax multiplier

收入变动对引起这种变动的税收变动的比率。

税收收入 tax revenue

增值税、营业税、企业所得税、个人所得税、资源税、固定资产投资方向调节税、城市维护建设税、房产税、印花税、城镇土地使用税、土地增值税、车船税、耕地占用税、契税、烟叶税以及其他税收收入。计量单位：亿元。

顺浪 following sea

波浪传播方向与船的夹角小于45°或波向与流向一致的波浪。

顺序－规模分布型城镇体系 smooth-scale distribution urban system

又称"金字塔形分布的城镇体系"，指城镇的数量随着城镇规模的增加而减少。

私人储蓄 private saving

家庭在支付了税收和消费之后剩下来的收入。

松花江 the Songhua River

黑龙江水系的最大支流，是中国七大江河之一。全长1927千米，流域面积约为54.5平方千米，占东北地区总面积的60%，地跨吉林、黑龙江两省。其主要支流有嫩江、呼兰河、牡丹江、汤旺河等。

随机行走 random walk

一种变量变动的路径是不可预期的。

随机性 randomness

事物本身是确定的，但因为事物的因果关系不确定，从而导致事件发生的结果不确定性。

碎屑 detritus; clast

〈生态学〉植物和动物残体被分解成的破碎的颗粒状有机物质。

〈地质学〉是指主要由来自于陆源区的母岩经过物理风化作用（机械破碎）所形成的碎屑物质，亦称陆源碎屑。碎屑是沉积岩或沉积物的一种组分，可以是单矿物的，也可以是岩石质的，前者称为矿物碎屑，后者称为岩屑。

所有者权益 owners equity

所有者在企业资产中享有的经济利益，它等于企业资产减去负债后的余额。包括实收资本（或股本）、资本公积、盈余公积和未分配利润等。计量单位：万元。

索饵场 feeding ground

鱼类集群索饵的水域。河口湾、寒暖流交汇处等有机质、营养盐类丰富饵料生物量高的水域为鱼类集群索饵的主要场所。

T

他项权利 non-ownership rights

出租、抵押海域使用权形成的承租权和抵押权。

他组织 hetero-organization

在外界环境施加决定性影响的情况下或由一个独立子系统,即控制者施加指令的作用下形成的。

台风 typhoon

最大风速（中心附近）等于或大于 2.7 米/秒（12 级及以上）的热带气旋。

台风灾害 typhoon disaster

台风造成的灾害。台风所到之处引发的强风、巨浪、风暴潮和洪涝等灾害。台风为发生在西太平洋和南海的、中心最大风力达 12 级以上的热带气旋。

台湾海峡 Taiwan Strait

位于中国福建省和台湾省之间,沟通东海和南海的唯一通道。

太平洋 Pacific Ocean

位于亚洲、大洋洲、美洲和南极洲之间的世界上最大、最深、边缘海和岛屿最多的大洋。

太平洋型海岸 longitudinal coast

又称"纵向海岸",参见纵向海岸。

泰国湾 Gulf of Thailand

位于南海西南部，中南半岛和马来半岛之间开口向南的海湾。

滩肩 beach berm

后滨上由风暴堆积而成的、向陆地倾斜的平缓阶地或台地。

滩面 beach face

海滩的表面，一般指前滨上部滩坡较陡的部位。

滩涂 intertidal zone

又称"潮间带"、"海滩"、"前滨"。参见潮间带。

滩涂养殖 intertidal mudflat culture；tidal flat culture

利用潮间带软泥质或沙泥质滩涂，加以平整、筑堤、建埕，养殖海水经济动植物的生产活动。

碳壁垒 carbon barrier

针对产品在生产、运输、消费和处置环节中产生的碳而设计和实施的碳税、边境碳税调整、碳标志和碳标准等影响产品贸易的规章和标准。

碳标签 carbon labeling

为了缓解气候变化，减少温室气体排放，推广低碳排放技术，把商品在生产过程中所排放的温室气体排放量在产品标签上用量化的指数标示出来，以标签的形式告知消费者产品的碳信息。

碳捕集和埋存 Carbon Capture and Storage，CCS

捕集来自煤、石油、天然气等化石燃料燃烧产生的二氧化碳，并埋存在地层深部，防止二氧化碳排放到大气中和全球变暖的一种去碳技术。

碳捕捉 carbon capture

捕捉释放到大气中的二氧化碳，压缩之后，压回到枯竭的油田和天然气领域或者其他安全的地下场所。

碳池 carbon pool

又称"碳库",指保存碳的贮藏库(如海洋),在生物地球化学循环中起重要作用。

碳封存 carbon storage

将捕捉的二氧化碳注入地下地质构造中、深海里,或者通过工业流程将其凝固在无机碳酸盐中的过程。

碳关税 carbon tariffs

对高耗能的产品进口征收特别的二氧化碳排放关税。这个概念最早由法国前总统希拉克提出,用意是希望欧盟国家应针对未遵守《京都协定书》的国家课征商品进口税,否则在欧盟碳排放交易机制运行后,欧盟国家所生产的商品将遭受不公平竞争,特别是境内的钢铁业及高耗能产业。2009年7月4日,中国政府明确表示反对碳关税。

碳汇 carbon sink

〈大气科学〉一个碳贮库,它接收来自其他碳贮库的碳,因此贮量随时间增加。

〈生态学〉有机碳吸收超出释放的系统或区域。如大气、海洋等。

碳获取 carbon acquisition

植物通过光合作用固定二氧化碳而获得碳的过程。

碳交易 carbon trading

为促进全球温室气体减排,减少全球二氧化碳排放所采用的市场机制。《京都议定书》把市场机制作为解决二氧化碳为代表的温室气体减排问题的新路径,即把二氧化碳排放权作为一种商品,从而形成了二氧化碳排放权的交易,简称碳交易。其基本原理是:合同的一方通过支付另一方获得温室气体减排额,买方可以将购得的减排额用于减缓温室效应从而实现其减排的目标。

碳金融 carbon finance

又称"碳融资"，是指由《京都议定书》而兴起的低碳经济投融资活动，即服务于限制温室气体排放等技术和项目的直接投融资、碳指标交易和银行贷款等金融活动。"碳金融"的兴起源于国际气候政策的变化以及两个具有重大意义的国际公约——《联合国气候变化框架公约》和《京都议定书》。

碳库 carbon pool

又称"碳池"，参见碳池。

碳排放 carbon emission

关于温室气体排放的一个总称或简称，分为可再生碳排放和不可再生碳排放。可再生碳排放是地球表面的各种动植物正常的碳循环，包括使用各种可再生能源的碳排放；不可再生碳排放指开发和消耗化石能源产生的碳排放。

碳融资 carbon finance

又称"碳金融"，参见碳金融。

碳税 carbon tax

针对二氧化碳排放所征收的税。以环境保护为目的，通过对燃煤和石油下游的汽油、航空燃油、天然气等化石燃料产品碳含量的比例征税来减少化石燃料消耗和二氧化碳排放以减缓全球变暖。

碳损失 carbon loss

植物通过暗呼吸、光呼吸等消耗碳的过程。

碳同化 carbon assimilation

大气中的碳被生物系统吸收并被转化成它们自身的过程。

碳循环 carbon cycle; carbon circulation

绿色植物（生产者）在光合作用时从大气中取得碳，合成糖类，然后经过消费者和分解者，通过呼吸作用和残体腐烂分解，使碳又返回大气的过程。

碳源 carbon source

〈大气科学〉一个碳贮库，向其他碳贮库提供碳，因此贮量随时间减少。

〈生态学〉有机碳释放超出吸收的系统或区域。如热带毁林、化石燃料燃烧等。

碳政治 carbon politics

又称"气候政治"，是指各国围绕温室气体排放问题所形成的国际政治，而国际上关于温室气体排放又按照二氧化碳来计算，故称之为"碳政治"。

碳中和 carbon neutral; carbon neutrality

又称"碳中立"，人们算出自己日常活动直接或间接产生的二氧化碳排放量，并算出为抵消这些二氧化碳所需的经济成本或所需的碳"汇"数量，然后个人付款给专门企业或机构，由他们通过植树或其他环保项目来抵消大气中相应的二氧化碳量。

碳中立 carbon neutral; carbon neutrality

又称"碳中和"，参见碳中和。

碳足迹 carbon footprint

被用来标示一个人或者团体的"碳消耗量"，即指企业机构、活动、产品或个人通过交通运输、食品生产和消费以及各类生产过程等引起的温室气体排放的集合。碳足迹既包括因使用化石能源而直接排放的二氧化碳（第一碳足迹），也包括因使用各种产品而间接排放的二氧化碳（第二碳足迹）。

特殊利用区 special use area

为满足科研、倾倒疏浚物和废弃物等特定用途需要划定的海域。包括科学研究试验区和倾倒区等。

特殊用海 sea area use for special purpose

用于科研教学、军事、自然保护区及海岸防护工程等用途的海域。

特殊用途海岛 islands for special use

包括领海基点所在的海岛、国防用途海岛、自然保护区内的海岛等。

天然气产量 production of natural gas

进入集输管网的销售量和就地利用的全部气量。计量单位：万立方米。

天然气水合物 natural gas hydrate; gas hydrate

又称"可燃冰"，分布于深海沉积物中，由天然气与水在高压低温条件下形成的类冰状的结晶物质。

天文潮 astronomical tides

由天体引潮力所引起的潮汐现象。

天文点 astronomical point

测定天文经纬度的地面点。

填海连岛 to tie islands by reclamation

通过填海造地等方式将海岛与陆地或者海岛与海岛连接起来的行为。

填海面积 reclamation area

沿海地区进行生产与服务活动累计填海面积。按照国民经济行业分类汇总。计量单位：平方千米。

填海造地 marine reclamation land

筑堤围割海域填成土地，并形成有效岸线的用海方式。

贴现 discount

用票据进行短期融资的主要方式是出售票据一方融入的资金低于票据面值，票据到期时按面值还款，差额部分就是支付给票据买方（贷款人）的利息。这种融资的方式叫做贴现。

停潮 stand of tide；water stand

潮汐涨落过程中，高潮和低潮时出现的水位短时间不动现象。

通货 currency

即流通货币，在商品流通过程中充当一般等价交换物，包括纸币、铸币等有形实体货币和信用货币。

通货膨胀 inflation

在纸币流通条件下，货币的发行量超过商品流通中所需要的货币量而引起货币价值下降、物价持续而普遍上涨的现象。纸币、含金量低的铸币、信用货币过度发行都会导致通货膨胀。

投资 investment

经济主体为了获取经济利益而把资本投向国内或国外某项经济社会领域的行为。

投资环境 investment environment

存在于受资区域内，能够影响企业生产经营活动过程及其结果的一切企业外部因素的总称。

透水构筑物用海 sea area use for permeable structures

采用透水方式构筑码头、海面栈桥、高脚屋、人工鱼礁等构筑物的用海方式。

突变 mutation

在临界点附近，控制参数发生微小改变可以从根本上改变系统状态的现象。

突变论 catastrophe theory

1972 年法国数学家雷内托姆（Rene Thom）的《结构稳定性和形态发生学》一书提出突变论。突变论研究非线性系统从一种稳定组态以突变的形式转化到另一种稳定组态的现象和规律。

突堤 jetty

人工构筑的一端与岸相连，另一端伸向海中的防波堤或码头统称为突堤。当波浪主要来自外海一侧，另一侧由天然地形掩护时，一般采用单突堤；在没有天然掩护的开敞海岸，大多采用两条突堤合围的形式，又称双突堤，以形成掩护良好的港口水域。

土地 land

地球陆地表面具有一定范围的地段，包括垂直于它上下的生物圈的所有属性，是由近地表气候、地貌、表层地质、水文、土壤、动植物以及过去和现在人类活动的结果相互作用而形成的物质系统。

土地承载力 land carrying capacity

在一定条件下土地资源生产力与一定生活水平下的人均消费标准之比。

土地潜力 land use capability；land potential

在一定经营管理水平下，由自然要素的限制性所决定的，某一土地单元对农业、林业、牧业和旅游业等几种土地利用大类提供持续效益的能力。

土地人口承载力 population supporting capacity of land

一定面积土地资源生产的食物所供养的一定消费水平的人口数量。

土地盐渍化 land salinization

由于人为活动不当，主要是采取的水利工程技术措施不当，导致地下水位升高，盐分表聚加强，使原来非盐渍土演变成盐渍土或使原土壤盐渍化加重的过程和现象。

土地质量 land quality

土地功能满足人类需要的优劣程度。

土地资源 land resources

在当前和可预见未来的技术经济条件下，可为人类利用的土地。

土地资源承载力 carrying capacity of land resources

在保持生态与环境质量不致退化的前提下，单位面积土地所容许的最大限度的生物生存量。

拖底扫海 aground sweeping; drag sweeping

将扫海测量的扫海具底索全部着底，由两条测量船（艇）沿预定的航向保持一定宽度平行拖行，探测测区内是否存在礁石、沉船等航行障碍物。

拓扑性质 topological properties

把复杂网络不依赖于节点的具体位置和边的具体形态就能表现出来的"度量"性质叫做网络的拓扑性质。相应的结构叫做复杂网络的拓扑结构。

W

外滨 offshore

破浪带的外界延伸到大陆架边缘的地带。

外部效应 spill-over effect

一个人或企业的行为影响了其他人或企业的福利，但是还没有激励机制使得产生影响的人或企业在决策时考虑这种对别人的影响。

外港 outer harbor

靠近外海一侧的港口部分。

外流河 exterior river

流入海洋的河流。大都为常流河，水量较大，常常形成庞大的水系。

外围区 peripheral area

经济发展相对较缓慢、发展水平比较低的地区，处于经济技术低梯度上，接受核心区的经济技术辐射而得到发展。

湾侧海滩 bay side beach

海湾内侧堆积的三角滩群。

湾顶海滩 bay head beach

分布于海湾内，与港口相对部位的海滩。

往复流 alternating current

潮流椭圆蜕化为直线的周期性流动。

微层化 microstratification

垂向尺度在分子耗散尺度至 1 米之间的海洋要素分层结构。

微地貌 micro landform

育于小型地貌单元上的次一级地貌形态，如冲沟、河曲、蝶形洼地等。通过对微地貌的观测，可以进一步分析宏观地貌的形成过程。

微海洋学 micro – oceanography

研究海水及海底沉积物的微细结构及其形成过程的演变规律的学科。

微生态系统 microecosystem

在特定的空间和时间范围内，由个体 20～200 微米不同种类组成的生物群与其环境组成的整体。

围海 sea reclamation

通过筑堤或其他手段，以全部或部分闭合形式围割海域进行海洋开发活动的用海方式。

围海养殖用海 sea area use for aquaculture reclamation

筑堤围割海域进行封闭或半封闭式养殖生产的海域。

围海造田 reclaim land from the sea

对经常淹没在水下的海湾浅滩地的围垦。以土地利用总体规划为依据，进行可行性研究论证和规划设计，围垦区内须修建完整的排灌系统，以便排除地面水和降低地下水位，或借以淋洗盐分和灌溉作物。

围填海工程建筑 reclamation engineering constructions

在海岸带建造一定高度的围堰、圈围一定范围的海域，填以泥沙或土石形成陆地的施工活动。

卫星海洋学 satellite oceanography

研究利用卫星探测海洋的理论和方法，卫星资料的处理、传输和利用，卫星在海洋学研究和海洋预报中应用的学科。

未来海洋产业 future marine industry

根据科学技术发展的分析和预测，不久的将来完全可能建立的海洋生产行业，如深海采矿业、海水直接利用业、海洋能利用业和海洋生物制药业等。

未来值 future value

在现行利率既定时，现在货币量将带来的未来货币量。

位密 potential density

某一等压面（深度）处的海水微团绝热上升到海面时所具有的密度。

位温 potential temperature

海洋中某一等压面（深度）处的海水微团绝热上升到海面时所具有的温度。

温差能 temperature-difference energy

在介质与介质之间由温度梯度所产生的能流通量。

温室气候 greenhouse climate

温室内的大气状况，其特征是由于玻璃遮盖对入射的短波辐射的透明度比对温室内的长波辐射的透明度要大，因而导致温室白天温度较高。

温室气体 greenhouse gases；greenhouse gas，GHG

〈环境保护〉破坏大气层与地面间红外线辐射正常关系，吸收地球释放出来的红外线辐射，阻止地球热量的散失，使地球发生可感觉到的气温升高的气体。

〈海洋科技〉在地球大气中，能让太阳短波辐射自由通过，同时吸收地面和空气放出的长波辐射（红外线），从而造成近地层增温的微量气体。包括二氧化碳（CO_2）、甲烷（CH_4）、氧化亚氮（N_2O）、氯氟烃（CFC）等。

〈生态学〉大气中由自然或人为产生的能够吸收长波辐射的气体成分。如水汽（H_2O）、二氧化碳（CO_2）、氧化亚氮（N_2O）、甲烷（CH_4）、臭氧（O_3）和氯氟烃（CFC）是地球大气中的主要温室气体。

温室效应 greenhouse effect

〈大气科学〉低层大气由于对长波和短波辐射的吸收特性不同而引起的增温现象。

〈生态学〉大气中的温室气体通过对长波辐射的吸收而阻止地表热能耗散，从而导致地表温度增高的现象。

稳定状态 steady-state

投资量等于折旧量的资本存量和产出随时间的推进一直是稳定的（既不增加也不减少）状态。

《我们共同的未来》Our Common Future

世界环境与发展委员会关于人类未来的报告。1987 年 2 月，在日本东京召开的第八次世界环境与发展委员会上通过，后又经第 42 届联大辩论通过，于 1987 年 4 月正式出版。报告以"持续发展"为基本纲领，以丰富的资料论述了当今世界环境与发展方面存在的问题，并提出了处理这些问题的具体的和现实的行动建议。

污染压力 pollution stress

入海污染物质对海洋生态系统结构和功能的胁迫。

污染预防 prevention of pollution

旨在避免、减少或控制污染而对各种过程、惯例、材料或产品的采用，可包括再循环、处理、过程更改、控制机制、资源的有效利用和材料替代等。

污水达标排放用海 sea area use for standard sewage emissions

受纳指定达标污水的海域，用海方式为污水达标排放。

污损生物 fouling organism

生长在船底、浮标、平台和海中一切其他设施表面或内部的生物。这类生物一般是有害的。

无标度网络 scale free network

节点度服从幂律函数分布的网络称为无标度网络。

无潮点 amphidromic point; amphidromic region

又称"无潮区"，指海面无潮位升降的海域。

无潮区 amphidromic point; amphidromic region

又称"无潮点"，参见无潮点。

无船承运业务 non-vessel-operating services

无船承运业务经营者以承运人身份接受托运人的货载，签发自己的提单或者其他运输单证，向托运人收取运费，通过国际船舶运输经营者完成国际海上货物运输，承担承运人责任的国际海上运输经营活动。

无害通过权 right of innocent passage

所有国家包括沿海国或内陆国，其船舶均享有无害通过领海的权利。无害通过是指不损害沿海国的和平、良好秩序和安全。

无居民海岛 non inhabitant island

我国领海及管辖的其他海域内不作为公民户籍所在地的海岛。

无组织排放 fugitive emission

向空气、水体或土地的非控制排放。

物理海洋学 physical oceanography

狭义上指运用物理学的观点和方法研究海洋中的力场、热盐结构以及因之而产生的各种运动的时空变化，海洋中的物质交换、能量交换和转换的学科。

广义上指以物理学的理论、方法和技术，研究海洋中的物理现象及其变化规律，并研究海洋水体与大气圈、岩石圈和生物圈的相互作用的学科。

物权 right in rem

权利人对特定的物享有直接支配和排他的权力，包括所有权、用益物权和担保物权。

物权法 law of property

民法的重要组成部分，调整人（自然人、法人、其他组织，特殊情况下可以是国家）对于物的支配关系的法律规范的总和。

物质流分析 material flow analysis，MFA

针对一个系统（产品系统、经济系统、社会系统等）的物质和能量的输入、迁移、转化、输出进行定量化的分析和评价的方法。

物质流通率 ratio of material flow

生态系统中的物质在单位时间、单位面积或体积的移动量。

物质循环 matter cycle；material cycle

〈生态学〉地球表面物质在自然力和生物活动作用下，在生态系统内部或其间进行储存、转化、迁移的往返流动。

〈资源科技〉资源生态系统中组成生物有机体的基本元素如碳、氮、氧、磷、硫等在生物与生物之间、生物与环境之间循环的过程。

物质资本 physical capital

用于生产物品与劳务的设备和建筑物存量。

物种 species

基本的分类单元。指能相互繁殖、享有一个共同基因库的一群个体，并和其他种生殖隔离。

物种多样性 species diversity

生物群落中物种的丰富度及其个体数量分布。

X

西沙群岛 the Xisha Islands

位于南海的西北部，海南岛东南方，中国南海四大群岛之一，由永乐群岛和宣德群岛组成，共有 22 个岛屿，7 个沙洲，另有十多个暗礁暗滩。地处热带中部，属热带季风气候，炎热湿润，但无酷暑。

稀有元素资源 rare element resources

海水中所含有的各种稀有元素资源，如溴、铀、重水。稀有元素指地球上，特别是地壳内丰度极低的元素。

系列海图 series charts

表示不同主题内容的若干幅海图。采用统一的数学基础和相同的分幅范围。

系统仿真 system simulation

对实际系统的一种抽象的、本质的描述及模拟活动。包括三个基本要素，即系统对象、系统模型、计算工具，并由三种活动来完成，即系统建模、模型程序化以及仿真实验分析。

系统论 system theory

用系统概念来把握研究对象，始终把对象作为一个整体来看待，并强调系统结构与功能的研究，以及系统、要素、环境三者的相互关系和变动的规律性研究。在思维方式上把分析和综合辩证地结合起来，使系统方法形成了如下模式：首先，从整体出发进行系统综合，得到各种可能的系统方案；其次，系统地分析各个要素及其关系，建立数学模型；最后，对数学模型进行优化选择并重新综合成整体。

系统同构性 system isomorphism

各个不同性质的系统之间所表现出来的存在方式和运动方式上的一致性，即所有系统共同遵守的规律。

潟湖 lagoon

以狭长、低平的沙质堆积体（堡岛或沙嘴）与海分隔的水域称为潟湖。潟湖常有一个或一个以上狭窄的潮汐通道与大海相通。

峡湾 fjord

海水侵入陆地形成的狭窄海湾。

峡湾型海岸 fjord coast；fjord type coast

峡湾众多的海岸。港湾深凹，多岛屿和半岛，海岸高度曲折。见于高纬大陆西岸的山地海岸。

下沉海岸 coast of submergence；sinking coast；submerged coast

因陆地下沉或海面上升或因陆地上升小于海面上升量而形成的海岸。一般具有较曲折的海岸线，多岬角、半岛和岛屿，并有深水道和良港。

咸潮入侵 seawater intrusion；seawater encroachment

在潮汐作用下，高盐度海水沿河口上溯过程中，造成上游河水盐度升高的现象。河口咸潮入侵，因河流两侧地下水接受河水渗入补给，也会造成河口地区的地下水变咸。

现场比容 specific volume in situ

海洋特定点单位质量海水的体积，为密度的倒数。

现场密度 density in situ

海水特定点的密度。

现值 present value

用现行利率产生一定量未来货币所需要的现在货币量。

限额捕捞制度 the theory of TAC

TAC 管理制度，即总允许渔获量是根据最大持续渔获量的概念提出来的。首先需评估对象鱼种之最大持续生产量（MSY），并考虑社会经济要素决定 TAC。当渔获量累计达到 TAC 目标时，应全面同时禁止捕捞。

线性 linearity

量与量之间成比例关系，用直角坐标形象地画出来是一条直线。在空间与时间上代表规则与光滑的运动。在线性系统中，整体的行为或性质等于部分之和。

乡规划 township planning

一定时期内乡的经济和社会发展、土地利用、空间布局以及各项建设的综合部署、具体安排和实施措施。

相邻海岸 adjacent coasts

两个相邻国家之间的陆地边界两侧的海岸。

相向海岸 opposite coasts

沿海国海域的地理关系相互面对的海岸。海岸相向国家的海域，需划定其边界以避免重复。

消费 consumption

利用社会产品来满足人们各种需要的过程，分为生产消费和个人消费。前者指物质资料生产过程中的生产资料和活劳动的使用和消耗；后者是指人们把生产出来的物质资料和精神产品用于满足个人生活需要的行为和过程。通常讲的消费是指个人消费。

消费物价指数 consumer price index，CPI

普通消费者所购买的物品与劳务的总费用的衡量指标。

销售收入 sales income

报告年度本企业销售产品实现的销售收入。计量单位：万元。

小世界网络 small world networks

以简单的措辞描述了现实中的大多数网络尽管规模很大，但是任意两个节点间却有一条相当短的路径的事实。

效率工资 efficiency wages

企业为了提高工人生产率而支付的高于均衡水平的工资。

协同学 synergetics

又称"协同论"，德国著名物理学家哈肯（Hermann Haken）于1973年创立。他指出，系统从无序形成有序结构的机理在于事物系统本身所固有的一种调节能力和协同作用，或者说自组织能力，它是系统自身存在和发展的动力。

斜坡 slope

大陆架、大陆坡、岛架或岛坡上地形倾斜的单斜面，坡面相对宽阔连续，陆架、岛架斜坡平均坡度一般小于1°，陆坡、岛坡斜坡坡度一般在3°~8°之间。

新产业区 new industrial district

基于合理劳动地域分工基础上结成的网络，这些网络与本地的劳动力市场密切连接，实行专业化分工。

新能源 new energy resources

在新技术基础上，系统地开发利用的可再生能源，如核能、太阳能、风能、生物质能、地热能、海洋能、氢能等。

新兴海洋产业 newly emerging marine industry

20 世纪 60 年代以来发展起来的海洋生产和服务行业。有海洋油气业、海水养殖业、海洋旅游业、海滨采矿业、海水淡化业及海水化学元素提取业等。

新型工业化道路 new road to industrialization

中国共产党第十六次全国代表大会确定的区别于传统工业化道路的新的工业化道路。即坚持以信息化带动工业化，以工业化促进信息化，走出一条科技含量高、经济效益好、资源消耗低、环境污染少、人力资源优势得到充分发挥的新型工业化路子。

新要素学说 new elements theory

对俄林生产要素禀赋理论的丰富与发展。大大地扩展了生产要素范围，把劳动者的智力投资、科技进步与创新、获取信息的便利程度都列入生产要素范畴，深化了生产要素的内涵。

信风海流 trade wind current

又称"信风漂流"，指信风作用下，低纬度的洋面产生的海流。地球信风带位于赤道南北附近区域，北半球称为东北信风，南半球称为东南信风。

信风漂流 trade wind current

又称"信风海流"，参见信风海流。

信息有效 information efficiency

以理性方式反映所有可获得的信息的有关资产价格的描述。

熊猫标准 panda standard

专为中国市场设立的自愿减排标准，从狭义上确立减排量检测标准和原则，广义上规定流程、评定机构、规则限定等，以完善市场机制。该标

266

准的设立是为了满足中国国内企业和个人就气候问题采取行动的需求，一些项目实现了减排或者清除之后，即遵循熊猫标准的原则，被合格的第三方机构核证，并通过注册，可以获得相应数量的熊猫标准信用额，信用额可以买卖。它标志着中国开始在全球碳交易中发出自己的声音。

休闲渔业 recreational fisheries

以休闲娱乐和体育运动为目的的渔业活动。如游钓、观赏鱼养殖等。

休渔期 closed season；closed fishing season

为了保护渔业资源，在主要捕捞对象繁殖、生长季节规定禁捕的时期。

需求 demand

一种商品的需求是指消费者在一定时期内在各种可能的价格水平意愿而且能够购买的该商品的数量。

需求表 demand schedule

表示某种商品的各种价格水平和与各种价格水平相对应的该商品的需求数量之间关系的数字序列表。

需求函数 demand function

表示一种商品的需求数量和影响该需求数量的各种因素之间的相互联系。

循环积累因果原理 cumulative causation theory

某一社会经济因素的变化，会引起另一社会经济因素的变化，这后一因素的变化，反过来又加强了前一个因素的那个变化，并导致社会经济过程沿着最初那个因素变化的方向发展，从而形成累积性的循环发展趋势。

循环经济 circular economy

〈资源科技〉将生产所需的资源通过回收、再生等方法再次获得使用价值，实现循环利用，减少废弃物排放的经济生产模式。

〈生态学〉模仿大自然的整体、协同、循环和自适应功能去规划、组织和管理人类社会的生产、消费、流通、还原和调控活动的简称，是一类集自生、共生和竞争经济为一体，具有高效的资源代谢过程、完整的系统耦合结构的网络型、进化型复合生态经济。

循环再生原理 principle of recycling and regeneration

世间一切产品最终都要变成废物，世间任一"废物"必然是对生物圈中某一组分或生态过程有用的"原料"或缓冲剂；人类一切行为最终都会以某种信息的形式反馈到作用者本身，或者有利、或者有害。物资的循环再生和信息的反馈调节是复合生态系统持续发展的根本动因。

汛期 flood period

〈大气科学〉流域内由于季节性降水集中，或融冰、化雪导致河水在一年中显著上涨的时期。

〈水利科技〉江河洪水从开始涨至全回落的时期，在中国一般为4—10月。

Y

岩滩 rock bench

一种由基岩构成的海滩。

沿岸海域 coastal area

近岸海域之内靠近大陆海岸，水文要素受陆地气象条件和径流影响大的海域。注：一般指距大陆海岸 10 千米以内的海域。

沿岸流 coastal current; littoral current; longshore current

沿海岸流动的与海浪无直接关系的海流。

沿岸沙坝 longshore bar

分布在高潮线以上，由沿岸流作用形成的垄状砂质或沙砾质堆积体。

沿海城市 coastal city

有海岸线的城市，包括直辖市和地级市以及所辖海域、海岛等。

沿海地带 coastal zone

有海岸线的沿海省、自治区和直辖市以及所辖海域、海岛等。

沿海国 coastal states

又称"沿岸国"，指陆地领土的一部分或全部邻接海洋的国家。

沿海货物运输 coastal freight transport

包括专门从事沿海货物运输的活动，以货物为主的沿海运输活动。

沿海陆域 coastal land area

与海岸相连，或者通过管道、沟渠、设施，直接或者间接向海洋排放污染物及其相关的一带区域。

沿海旅客运输 coastal passenger transportation

包括沿海客轮的运输活动和以客运为主的沿海运输活动。

沿海平原 coastal plain

又称"海岸平原"，参见海岸平原。

盐度 salinity

海水中含盐量的标度。每千克海水中在盐酸转化为氧化物、溴和碘被等量的氯置换、有机物全部被氧化后，所含固体物质的总克数。以符号"S"表示。

盐害 salt damage

主要指氯化钠和硫酸钠对农作物和土壤的危害。

盐碱地 saline – alkali land

土壤中含有较多的可溶性盐分，不利于作物生长的土地。

盐碱害 salinization damage

盐度大于10，并有碱度存在时，土壤迅速盐碱化，造成农作物根部受腐蚀而死亡的危害。

盐碱化荒地 saline wasteland

以盐土和中强盐渍化土壤为主的一种土地组合，是数量最多的一种荒地类型，发生在气候干旱和排水不良的地貌部位和受海水侵袭的地段。

盐碱土 saline soil; salty soil

又称"盐渍土"。含盐量大于一定量的土。土粒为石膏、芒硝、岩盐等凝结，具有腐蚀、溶陷和盐胀等特性的土。

盐舌 salinity tongue

在盐度平面或垂向分布图上，盐度呈舌状分布的现象。

盐田 salt pan

利用蒸发法制取海盐的场地。

盐田生产面积 productive area of salt pan

直接提供给海盐生产的面积，包括结晶面积、蒸发面积、保卤面积，滩内的沟、壕、池、埝面积及滩坨面积。计量单位：公顷。

盐田总面积 gross area of salt pan

盐田占有的全部面积，包括储卤、蒸发、保卤、结晶面积，滩内的沟、壕、池、埝、滩坨等面积。

盐业用海 sea area use for salt industry

用于盐业生产的海域，包括盐田、盐田取排水口、蓄水池、盐业码头、引桥及港池（船舶靠泊和回旋水域）等所使用的海域。

盐指 salt finger

热而高盐的水层位于冷而低盐的水层之上时，在界面处发生盐度向下呈指状分布的现象。

盐渍土 saline soil; salty soil

又称"盐碱土"。参见盐碱土。

演化 evolution

系统在内外部因素的影响下所产生的跃迁或分岔的过程。演化是一个双向的过程，既可能由简单到复杂（进化），也可能由复杂到简单（退化），不一定优胜劣汰。

演化博弈理论 evolutionary game theory

以有限理论假设为基础，结合生态学、社会学、心理学及经济学的最新发展成果，在假定博弈的主体具有有限理性的前提下，分析博弈者的资源配置行为及对所处的博弈进行策略选择，该理论分析的是有限理性博弈者的博弈均衡问题。

演化经济学 evolutionary economics

现代西方经济学研究的一个富有生命力和发展前景的新领域，与新古典经济学的静态均衡分析相比，演化经济学注重对"变化"的研究，强调时间与历史在经济演化中的重要地位，强调制度变迁。

演替 succession

〈海洋科技〉某一生物群落被另一生物群落所替代的发展过程。

〈生态学〉某一地段上群落由一种类型自然演变为另一类型的有顺序的更替过程。

洋 ocean

地球表面上相连接的广大咸水水体的主体部分，远离大陆，深度较大，占全球海洋总面积的89%。水文特征受大陆影响较小，温度和盐度较稳定，水色高、透明度大，有独立的潮波系统的洋流系统。

洋壳 oceanic crust

又称"大洋型地壳"，界于大洋盆地之下的地壳，深海或大洋底部特有的类型。自上而下由沉积层和硅镁层组成，缺失硅铝层（花岗岩层），厚度较薄（5~8千米），平均厚7.3千米，平均密度为3.0克/立方厘米。

洋流 ocean current

又称"海流"，参见海流。

洋盆 ocean basin

位于大洋中脊与大陆边缘之间，水深一般在 4 000～6 000 米，具有大洋型地壳的盆地。

洋中脊 mid-oceanic ridge

又称"中央海岭"、"大洋中脊"，参见大洋中脊。

养殖压力 aquaculture stress

通过养殖生产输出物质对海洋生态系统物质循环的胁迫。

要素密集度 feature concentration

在商品生产过程中，消耗各种生产要素的相对强度。

一价定律 law of one price

又称"购买力平价"，参见购买力平价。

一年冰 first-year ice

由初期冰发展而成的，时间不超过一个冬季，厚度30厘米至2米的海冰。

异质性 heterogeneity

在一个区域里（景观或生态系统）对一个种或者更高级的生物组织的存在起决定作用的资源（或某种性状）在空间或时间上的变异程度（或强度）。

溢油事故 oil spill accident

非正常作业情况下原油及其炼制品的泄漏。溢油事故按其溢油量的分大、中、小三类，溢油量小于 10 吨的为小型溢油事故；溢油量在 10～100 吨的为中型溢油事故；溢油量大于 100 吨的为大型溢油事故。

溢油灾害 oil spill disaster

由于海上生产活动或事故导致石油或其他油类等大量泄漏，造成的海上和岸边的环境灾害和生态灾害。

引潮力 tide-generating force；tide-producing force

月球、太阳或其他天体对地球上单位质量物体的引力和对地心单位质量物体的引力之差，或地球绕地－月（日）质心运动所产生的惯性离心力与月（日）引力的合力。

饮用水制造 drinking water manufacturing

利用各种淡化技术将海水处理为饮用水的生产活动。

印度洋 Indian Ocean

位于亚洲、大洋洲、非洲和南极洲之间的世界第三大洋。

英吉利海峡 English Channel

位于英国和法国之间，沟通大西洋与北海的重要国际航运水道。

营养级 trophic level

生态系统的能量流动过程中生产者和各级消费者的营养水平等级。

营养结构 trophic structure

一个群落（或生态系）的生物，营养结构可分为生产者、消费者和分解者，能量、物质从植物转到植食者，再转到肉食者的过程。

影响力系数 effect degree coefficient

某一部门增加一个单位最终使用时，对各国经济各部门所产生的生产需求波及程度。

硬系统 hard systems

又称良结构（well－structured）系统，是指机理清楚，能用明确的数

274

学模型描述的系统。硬系统实际是一个工程系统，对于硬系统已有较好的定量研究方法，可以计算出系统行为和最优的结果。

涌潮 tidal bore

潮波在河口传播过程中产生的波陡趋于极限而破碎的潮水暴涨现象。

涌浪 swell

风浪离开风区后或风速风向等风要素突变后，继续按原风力作用方向传播的周期为数秒的波浪。

涌现 emergency

构成系统整体的各个部分之间在一定的系统环境条件下通过相互作用所形成的系统的稳态结构。

用海方式 patterns of sea area use

根据海域使用特征及对海域自然属性的影响程度划分的海域使用方式。

用海风险 risk of sea area use

由于项目用海（人为或自然因素引起的）对海域功能或相邻开发利用活动可能造成损害、破坏乃至毁灭性事件的发生概率及其损害的程度。

用益物权 usufruct of immovable property

用益物权是对他人所有的物，在一定范围内进行占有、使用和收益的权利。

优势种 dominant species

具有控制群落和反映群落特征、数量上所占比例较多的种群。

油气开采用海 sea area use for oil and gas exploration

开采油气资源所使用的海域，包括石油平台、油气开采用栈桥、浮式储油装置、输油管道、油气开采用人工岛及其连陆或连岛道路等所使用的海域。

游乐场用海 sea area use for amusement ground

开展游艇、帆板、冲浪、潜水、水下观光及垂钓等海上娱乐活动所使用的海域。

游泳生物 nekton

有发达的运动器官，在水层中能克服水流阻力自由游动的动物。包括真游泳生物、浮游游泳生物、底栖游泳生物和陆缘游泳生物四类。

有毒污染物 toxic pollutant

那些直接或者间接为生物摄入体内后，导致该生物或者其后代发病、行为反常、遗传变异、生理机能失常、机体变形或者死亡的污染物。

有机农业 organic agriculture；organic farming

在生产中完全或基本不用人工合成的肥料、农药、生长调节剂和畜禽饲料添加剂，而采用有机肥满足作物营养需求的种植业，或采用有机饲料满足畜禽营养需求的养殖业。

有居民海岛 inhabited island

属于居民户籍管理的住址登记地的海岛。

有限理性 bounded rationality

博弈者有一定的统计分析能力和对不同的策略下相关得益的事后判断能力，但缺乏事前预见、预测和判断能力。

有效岸线 effective coastline

通过填海造地活动形成的能被认定为海岸线的海陆分界线。

有效降水量 effective precipitation

在某一时间范围内，能够产生入渗补给地下水的降水量。

淤积 accumulation of mud；deposition

水流挟带的泥沙颗粒沉落到河床上致使河底高程抬升或河岸淤涨的过程。

淤泥质海岸 muddy coast

以潮汐作用为主的，由粉沙和黏土等细颗粒物质构成的低平海岸。一般分布在细颗粒泥沙供应丰富、地形比较隐蔽和潮差较大的海岸环境。

淤涨岸 prograding coast

因沿岸泥沙供应数量大于海洋动力所能搬移的数量导致滨线向海推进的海岸。

鱼礁 fish shelter

又称"人工鱼礁（artificial reef）"，指保护渔业资源的一种设施。

鱼类学 ichthyology

研究鱼类的分类、形态、生理、生态、系统发育和地理分布的学科。

渔区 fishery zone

现代海洋中，一种特别管辖的区域。沿海国为了行使专属捕鱼权，或为了实施养护渔业资源而建立的特别管辖区域。该区域内，沿海国享有对鱼类及其他海洋生物资源的主权权利，一般分为专属渔区和养护区。

渔业港口 fishery ports

专门为渔业生产服务、供渔业船舶停泊、避风、装卸渔获物、补充渔需物资的人工港口或者自然港湾，包括综合性港口中渔业专用的码头、渔业专用的水域和渔船专用的锚地。

渔业海洋学 fisheries oceanography

研究海水的物理、化学、底质因素和海洋生物的生存、洄游、集散关系的学科。

渔业基础设施用海 sea area use for fishery infrastructures

用于渔船停靠、进行装卸作业和避风，以及用以繁殖重要苗种的海域，包括渔业码头、引桥、堤坝、渔港港池（含开敞式码头前沿船舶靠泊和回旋水域）、渔港航道、附属的仓储地、重要苗种繁殖场所及陆上海水养殖场延伸入海的取排水口等所使用的海域。

渔业受灾 fishery damaged by disaster

水产捕捞、养殖和加工生产等因灾害造成损失的现象。

渔业水域 fisheries water

鱼虾类的产卵场、索饵场、越冬场、洄游通道和鱼虾藻类的养殖场。

渔业用海 sea area use for fishery

为开发利用渔业资源、开展海洋渔业生产所使用的海域。

渔业资源利用和养护区 fishery resources and conservation area

为开发利用和养护渔业资源、发展渔业生产需要划定的海域，包括渔港和渔业设施基地建设区、养殖区、增殖区、捕捞区和重要渔业品种保护区。

渔业资源评估 fisheries stock assessment

根据鱼类生物学特性资料和渔业统计资料建立数学模型，对鱼类的生长、死亡规律进行研究；考察捕捞对渔业资源数量和质量的影响，同时对资源量和渔获量做出估计和预报，为制定渔业政策和措施提供科学依据。

渔业资源增殖保护费 increase and protect fishery resources fees

县级以上人民政府渔业行政主管部门应当对其管理的渔业水域统一规划，采取措施，增殖渔业资源。且可以向收益的单位和个人征收渔业资源增殖保护费，专门用于增殖和保护渔业资源。

浴场用海 sea area use for bathing beach

专供游人游泳、嬉水的海域。

预算赤字 budget deficit

又称"财政赤字"，是财政支出大于财政收入而形成的差额。

预算盈余 budget surplus

与预算赤字相对应，是财政收入超过支出的部分。

元胞自动机 cellular automata，CA

是模拟包括自组织结构在内的复杂现象的一种强有力的方法。在研究上采用时间离散化、空间离散化和状态离散化的方法，通过大量个体（元胞或网格点）的简单连接和简单运算规则，在时空中并行地持续运行，以模拟出包括自组织现象、耗散结构、协同效应等在内的复杂而丰富的现象。

原油产量 crude oil productions

按净原油量来计算的，能直接用于销售和生产自用的原油量。计量单位：万吨。

圆形海岸 round coast

岛屿沿岸在海蚀、海积作用下，不断被冲蚀、堆积及圆化，形成呈圆形形态的海岸。

远洋捕捞 distant fishing

在非本国管辖海域（外国专属经济区、大陆架或公海）从事的对各种天然水生动植物的捕捞活动。包括大洋渔业和跨洋渔业。

远洋捕捞产量 production of ocean-going fishing

在非本国管辖海域（外国专属经济区、大陆架或公海）捕捞的水产品产量。计量单位：万吨。

远洋货物运输 ocean-going cargo transportation

包括专门从事远洋货物运输的活动，以货运为主的远洋运输活动。

远洋旅客运输 ocean-going transport of passengers

包括远洋客轮的旅客运输活动和以客运为主的远洋运输活动。

远洋黏土 abyssal clay; deep clay

又称"深海黏土"、"褐黏土"、"红黏土"，参见深海黏土。

远洋渔业 distant fisheries

在远离本国海岸或渔业基地的海域，利用公海或他国资源的渔业生产活动。

越冬场 overwintering ground

鱼类冬季集群栖息的水域。

蕴藏量 standing stock

水域中蕴藏的可供采捕和利用的水产经济动、植物总量。

Z

灾害地质 hazard geology

对人类生命财产能够造成危害的地质因素，即有可能成灾的各种地质条件，包括某些地质体和地质作用。

灾害地质图 map of hazardous geology

表示地质灾害的诱灾条件（致灾地质体与地质现象）和诱灾因素强度、规模及其时空分布规律的专业图件。

再生 regeneration

生物体的一部分重新生成完整机体的过程。

再生能源 renewable energy resources

可以再生的水能、太阳能、生物能、风能、地热能和海洋能等资源的统称。

再循环效应 recycling effect

资源在主体间的循环往复，从而使有限资源得到最大限度的利用。

藻礁 algal reef

藻类钙化后而形成的礁体。

藻类 alga

泛指具同化色素而能进行独立营养生活的水生低等植物的总称。

造地工程用海 sea area use for land reclamation projects

为满足城镇建设、农业生产和废弃物处置需要，通过筑堤围割海域并最终填成土地，形成有效岸线的海域。

造山运动 orogeny

地壳或岩石圈物质大致沿地球表面切线方向进行的运动。这种运动常表现为岩石水平方向的挤压和拉伸，也就是产生水平方向的位移以及形成褶皱和断裂，在构造上形成巨大的褶皱山系和地堑、裂谷等。

择优连接 preferential attachment

制度网络中不停地有新的制度节点加入，但是新节点连接到网络中现有节点的概率是有差异的，并不是所有的节点都能同样成功地获取连接，加入的规则是择优连接，即所谓连接节点选择上的竞争性。

增长极 growth pole

一个或一组主导部门集中而优先增长的先发达地区。

栈道 berm; trestle road along cliff

特指古代架设于陡峻地段提供给行人、物资运输的通道。

涨潮 flood tide

海水由低潮到高潮水位上升的过程。

沼泽盐土 bog solonchak

各盐渍土区的湖泊洼地、交接洼地或扇缘地下水溢出带等地形部位都有零星分布。主要由各种沼泽土、盐泽或盐沼干涸积盐演变而成，生长喜湿耐盐植被。从表层起就有潜育现象，形成黑色腐泥及粗有机质，地表常有白色盐霜或盐结皮，积盐层以下为黑色糊状的腐殖质层和青赤色的潜育层。

折旧 depreciation

原有资本的磨损，它引起资本存量的减少。

真实汇率 real exchange rate

又称"实际汇率"，是名义汇率用两国价格水平调整后的汇率，即外国商品与本国商品的相对价格，它反映了本国商品的国际竞争力。

震陷 earthquake subsidence

由于地震引起高压缩性土软化而产生地基基础或地面沉陷的现象。

镇级控制性详细规划 town regulatory detailed plan

以镇的总体规划为依据，确定镇内建设地区的土地使用性质和使用强度的控制指标、道路和工程管线控制性位置以及空间环境控制的规划要求。

镇级详细规划 town detailed plan

以镇的总体规划为依据，对一定时期内镇的局部地区的土地利用、空间布局和建设用地所作的具体安排和设计。

镇级修建性详细规划 town construction detailed plan

以镇的总体规划和控制性详细规划为依据，制定的用以指导镇内各项建筑及其工程设施和施工的规划设计。

镇级总体规划 town master plan

对一定时期内镇的性质、发展目标、发展规模、土地利用、空间布局以及各项建设的综合部署、具体安排和实施措施。

蒸发浓缩作用 evaporation-concentration process

地下水因遭受蒸发，引起水中成分的浓缩，使水中盐分浓度增大，矿化度增高的现象。

蒸馏法（热法）distillation method

利用水的表面汽化现象，从海洋水体中获取淡水的工艺过程。

正常基线 normal baseline

沿海国官方承认的大比例尺海图所标明的沿岸低潮线。

政府购买乘数 government-purchases multiplier

收入变动对引起这种变动的政府购买支出变动的比率。

支流 affluent；tributary

直接或间接流入干流的河流。

直布罗陀海峡 Strait of Gibraltar

位于欧洲伊比利亚半岛南端与非洲大陆西北角之间，沟通大西洋与地中海的唯一水道。

直接海水资源 direct resources of sea water

对海水不加任何处理，直接取海水为人类的生产生活所利用的海水资源。

直接经济损失 direct economic losses

受灾体在遭受风暴潮、海冰等各种海洋灾害的损毁后，其自身价值降低或者丧失所直接造成的经济损失，不含任何中间环节和间接的经济损失。计量单位：万元。

直接投资 direct investment

投资方将资金以资本或实物的形式直接投放于受资区域的特定项目，并始终参与或控制投资项目的生产、经营全过程，最终获取经济利益的经济行为。

职工工资和福利费 employee's wages and welfare expenses

包括职工工资总额和职工福利费两部分，是企业为获得职工提供服务而给予的各种形式的报酬以及其他相关支出。其中：工资总额是指企业在报告期内支付给本单位全部职工的劳动报酬，包括工资、奖金、津贴和补贴，它反映企业报告期内累计应付的工资总额。职工福利费是指企业在报告期内根据国家有关规定开支的各项福利支出，包括企业为职工提存的基本养老保险基金、基本医疗保险费、失业保险费、工伤保险费、生育保险费、住房公积金、补充养老保险费和补充医疗保险费，以及其他现金或非货币性集体福利。

植物资源永续利用 sustained utilization of plant resources

根据地区的资源量（丰度）、种类有计划有步骤地进行资源开发，采取轮采方式，使生长量与开发量同步的开发利用方式。

指示种 indicated species

海洋生物群落在一定海域一定状态出现的标志性的物种。

制度 institution

不同制度主体之间基于自身利益进行多次重复博弈而产生的、用以规范或激励制度主体的行为，给集体或社会带来意义和稳定的认知性及标准化结构。

制度核 institution core

在一定历史时期，形成制度的最基本意义的道德、价值观、文化取向、真、善、美等要素。

制度竞争 institutional competition

制度主体所选择的规则或规则体系之间的竞争，是一个制度搜寻和发现的过程，也是一个制度学习、制度模仿和制度创新，以及发现更适宜制度的过程。

制度均衡 institutional equilibrium

整个制度系统中的各种力量在特定时间上所达到的某种势均力敌的稳定或相对静止的状态，即制度系统中任何具体制度之间都不存在互斥关系，而是处于相互间适应协调的状态，同时，个人和组织都能在制度系统所允许的行为空间中通过选择自己的最佳行为而同时最大限度地实现各自的目标。

制度演化 institutional evolution

制度从一个博弈均衡到非均衡，再到另一个博弈均衡的一个不断反复的动态过程。

制度涌现 system emergence

制度主体之间在一定的制度环境条件下，在相互作用的过程中所形成的新的制度结构安排。

滞胀 stagflation

全称停滞性通货膨胀，是在经济生活中，通货膨胀与经济停滞不前或低速增长交织并存的状态。

中层 middle layer；mesopelagic zone

大洋上层以下，厚度为 1000～1500 米，其温度、盐度、密度具有一个或多个跃层的水层。

中国绿色碳汇基金 China Green Carbon Foundation

2010 年 8 月 30 日成立了中国绿色碳汇基金，其前身是 2007 年 7 月 20 日在中国绿化基金下设立的绿色碳基金。绿色碳汇基金是中国第一家以"碳汇减排、应对气候变化"为主要目标的全国性公募基金，其宗旨是致力于推进以应对气候变化为目的的植树造林、森林经营、减少毁林和其他相关的增汇减排活动，普及有关知识，提高公众应对气候变化意识和能力，支持和完善中国生态效益补偿机制。该基金运用一种全新的运行模式，即企业和个人捐资到该基金会开展碳汇造林、森林经营等活动，并将实际所植树木吸收的二氧化碳量计入企业和个人的碳汇账户，在网上予以公示；农民则通过参加造林与森林经营等活动获得就业机会并增加收入，提高生活质量，由此起到"工业反哺农业、城市反哺农村"的作用。

中华人民共和国测绘法 Surveying and Mapping Law of the People's Republic of China

中国关于测绘的基本法律，是从事测绘活动和进行测绘管理的基本准则和基本依据。2002 年 8 月 29 日第九届全国人民代表大会常务委员会第二十九次会议修订通过，2002 年 12 月 1 日起施行。

中华人民共和国港口法 Port Law of the People's Republic of China

为了加强港口管理，维护港口的安全与经营秩序，保护当事人的合法权益，促进港口的建设与发展，制定本法。2003 年 6 月 28 日中华人民共和国第十届全国人民代表大会常务委员会第三次会议通过，2004 年 1 月 1 日起施行。

中华人民共和国海岛保护法 Law of the People's Republic of China on the Protection of Offshore Islands

为了保护海岛及其周边海域生态系统，合理开发利用海岛自然资源，维护国家海洋权益，促进经济社会可持续发展而制定的法规。2009 年 12 月 26 日中华人民共和国第十一届全国人民代表大会常务委员会第十二次会议通过，2010 年 3 月 1 日起施行。

中华人民共和国海上交通安全法 Maritime Traffic Safety Law of the People's Republic of China

中国政府管理海上船舶航行、停泊和作业、安全保障、海难救助及海上交通事故等的法律。1983 年 9 月 2 日第六届全国人民代表大会常务委员会第二次会议通过，1984 年 1 月 1 日起施行。

中华人民共和国海洋环境保护法 Marine Environment Protection Law of the People's Republic of China

中国为了保护海洋环境及资源，防止污染损害，保护生态平衡，保障人体健康，促进海洋事业发展而制定的法律。1999 年 12 月 25 日中华人民共和国第九届全国人民代表大会常务委员会第十三次会议修订通过，2000 年 4 月 1 日起施行。

中华人民共和国海域使用管理法 Law of the People's Republic of china on the Administration of the Use of Sea Areas

规范在中国内海和领海的水面、水体、海床和底土从事排他性用海活动的综合性法律。2001 年 10 月 27 日中华人民共和国第九届全国人民代表大会常务委员会第二十四次会议通过，2002 年 1 月 1 日起施行。

中华人民共和国环境影响评价法 Law of the People's Republic of China on Evaluation of Environmental Effects

简称《环评法》，是为了从根本上、全局上和发展的源头上注重环境影响、控制污染、保护生态环境，及时采取措施，减少后患而制定的法律。2002 年 10 月 28 日中华人民共和国第九届全国人民代表大会常务委员会第三十次会议通过，2003 年 9 月 1 日起施行。

中华人民共和国矿产资源法 Mineral Resources Law of the People's Republic of China

为了发展矿业，加强矿产资源的勘查、开发利用和保护工作，保障社会主义现代化建设的当前和长远的需要，根据中华人民共和国宪法，而制定的。1986 年 3 月 19 日第六届全国人民代表大会常务委员会第十五次会议通过，1996 年 8 月 29 日第八届全国人民代表大会常务委员会第二十一次会议修正。

中华人民共和国领海及毗连区法 Law of the People's Republic of China on the Territorial Sea and the Contiguous Zone

规范和调整在中国领海和毗连区从事一切活动的法律。1992 年 2 月 25 日第七届全国人民代表大会常务委员会第二十四次会议通过，1992 年 2 月 25 日中华人民共和国主席令第五十五号公布施行。

中华人民共和国渔业法 Fisheries Law of the People's Republic of China

调整人们在中国水域开发、利用、保护、增殖渔业资源过程中所产生的各种社会关系的基本法律。2000 年 10 月 31 日第九届全国人民代表大会常务委员会第十八次会议通过，2000 年 12 月 1 日起施行。2004 年 8 月 28 日第十届全国人民代表大会常务委员会第十一次会议修正。

中华人民共和国专属经济区和大陆架法 Law on the Exclusive Economic Zone and the Continental Shelf of the People's Republic of China

规范和调整在中国专属经济区和大陆架上从事一切活动的法律。1998年6月26日中华人民共和国第九届全国人民代表大会常务委员会第三次会议通过并施行。

中能海岸 moderate-energy coast

平均破波高度为10～50厘米的中等波浪能量海岸称为中能海岸。此类海岸以沙滩、堡岛、沙嘴、沙坝和浅滩等滨岸地貌为特征，并具有各自的沿岸输沙系统。

中沙群岛 the Zhongsha Islands

中国的南海诸岛四大群岛中位置居中的群岛。西距西沙群岛的永兴岛约200千米。它的主要部分由隐没在水中的3座暗沙、滩、礁、岛组成。长约140千米（不包括黄岩岛），宽约60千米，从东北向西南延伸，略呈椭圆形。

中性海岸 neutral coast

不受海面上升和下降影响的海岸。如河口岸、平原岸、断层岸等。

中央海岭 mid-oceanic ridge

又称"大洋中脊"、"洋中脊"，参见大洋中脊。

中央裂谷 median rift

沿大洋中脊轴延伸的巨大裂谷，一般水深3 000～6 000米，顶底高差1 000～2 000米，宽15 000～50 000米。

中央银行 central bank

是国家赋予其制定和执行货币政策，对国民经济进行宏观调控，对金融机构乃至金融业进行监督管理的一国最高的货币金融管理机构。

终级生产力 ultimate productivity

肉食性鱼类和其他海洋肉食性生物的生产能力。

重点保护区 key reserves

包括领海基点、军事用途等涉及国家海洋权益和国防安全的区域,珍稀濒危海洋生物物种、经济生物物种及其栖息地,以及将具有一定代表性、典型性和特殊保护价值的自然景观、自然生态系统和历史遗迹作为主要保护对象的区域。

重力点 gravimetric point

测定重力值的点。

周期性失业 cyclical unemployment

经济周期中的衰退或萧条时因需求下降而造成的失业。

洲 continent

面积广阔的陆地及其附近岛屿上所有国家的总称。

珠江 Pearl River

中国境内第三长河流,按年流量是中国第二大河流。长度 2 210 千米,流域面积 442 585 平方千米,平均年径流量 3 492.00 亿立方米,平均年径流深度 772 毫米,流经滇、黔、桂、粤等省区,主要支流有西江、东江、北江。

珠江三角洲 Pearl River Delta

珠江千百年来冲刷出来的一块平原,北起广州,呈扇形向东南和西南放射,东面有经济特区城市深圳和与之相邻的东莞,西南由北至南有:佛山、江门、中山以及与澳门接壤的经济特区城市珠海市。包括 14 个市县;广州、深圳、珠海、佛山、江门、东莞、中山等 7 市,以及惠州市的市区和惠阳、惠东、博罗三县,肇庆市的市区和高要、四会两市,其土地面积为 4.17 万平方千米。

珠江三角洲经济区 Pearl river delta economic zone

珠江三角洲沿岸地区所组成的经济区域，主要包括广东省所辖的广州、深圳和珠海等城市的海域与陆域。

主导产业 leading industry

一个区域有带动作用的、专业化程度比较高的产业部门，具有较长的产业链条。

主流 main stream

又称"干流"，参见干流。

主营业务成本 main business cost

企业经营主要业务发生的实际成本。计量单位：万元。

主营业务收入 main business income

企业在销售商品、提供劳务等日常活动中所产生的收入总额。计量单位：万元。

主营业务税金及附加 main business tax and extra charges

企业经营主要业务应负担的营业税、消费税、城市维护建设税、资源税、土地增值税、教育费附加。计量单位：万元。

专属经济区 exclusive economic zone

在领海以外并连接领海，其宽度自领海基线量起不超过 200 海里的具有特定法律制度的海域。专属经济区介于领海和公海之间的一种特殊海域。在专属经济区内沿海国享有自然资源主权，建造和使用人工岛屿、设施与结构的权利，有海洋科研、海洋保护的管辖权。其他国家享有航行、飞越、铺设海底电缆和管道的自由。

专属经济区外部界限 external edge of exclusive economic zone

按照《联合国海洋法公约》第 57 条规定，确定专属经济区宽度而形成的水域之外缘。

专属渔区 exclusive fishing zone

沿海国行使专属捕鱼权和渔业专属管辖权的区域，该区域内，除非有国际协议或根据有关法律规章取得许可，外国渔民不得从事捕鱼活动。

专业技术人员 professional technical personnel

从事专业技术工作和专业技术管理工作的人员，即企事业单位中已经聘任专业技术职务从事专业技术工作和专业技术管理工作的人员，以及未聘任专业技术职务，现在专业技术岗位上工作的人员数。包括工程技术人员，农业技术人员，科学研究人员，卫生技术人员，教学人员，经济人员，会计人员，统计人员，翻译人员，图书资料、档案、文博人员，新闻出版人员，律师、公证人员，广播电视播音人员，工艺美术人员，体育人员，艺术人员及企业政治思想工作人员，共 17 个专业技术职务类别。

转换效率 conversion efficiency

一个营养级的生产量与较低一个营养级的生产量之比。

转流 turn of tidal current；turn of tide

海流中，流向转变的潮流。

追赶效应 catch-up effect

开始时贫穷的国家倾向于比开始时富裕的国家增长更快的特征。

准备金 reserve

商业银行库存的现金和按比例存放在中央银行的存款。实行准备金的目的是为了确保商业银行在遇到突然大量提取银行存款时，能有相当充足的清偿能力。

准备金率 reserve ratio

银行作为准备金持有的存款比例。

准物权 quasi-real right

以物之外的其他财产为客体的具有支配性、绝对性和排他性因而类似于物权的民事财产权。准物权具体包括海域使用权、探矿权、采矿权、取水权和使用水域、滩涂从事养殖、捕捞的权利，是用益物权的一部分。

资本的边际产量 marginal product of capital，MPK

在劳动量不变的条件下，经济体因多用一单位资本而得到的额外产出量：$MPK = F(K+1, L) - F(K, L)$。

资本的边际效率 marginal efficiency of capital，MEC

资本的边际效率是一种贴现率，这种贴现率正好使一项资本物品的使用期内各预期收益的现值之和等于这项资本物品的供给价格或者重置资本。投资由利率和资本边际效率决定。

资本的黄金律水平 Golden Rule level of capital

使消费最大化的稳定状态的资本存量值。

资本净流出 net capital outflow

本国居民购买的外国资产减外国人购买的国内资产。

资本外逃 capital flight

一国或经济体的境内及境外投资者由于担心该国将发生经济衰退或其他经济或政治的不确定性而大规模抛出该国国内金融资产，将资金转移到境外的情况。

资产总计 total assets

企业拥有或控制的能以货币计量的经济资源，包括各种财产、债权和其他权利。资产按其流动性（即资产的变现能力和支付能力）划分为：流动资产、长期投资、固定资产、无形资产、递延资产和其他资产。计量单位：万元。

资源 resources

在一定历史条件下，能被人类开发利用以提高自己福利水平或生存能力的、具有某种稀缺性的、受社会约束的各种环境要素或事物的总称。资源的根本性质是社会化的效用性和对于人类的相对稀缺性。

资源布局 resource layout

根据资源配置而进行的区域资源生产安排。

资源产权制度 systems of resource property right

资源产权的产生、界定、行使、交易和保护等进行规定的一系列制度的总称。是资源法律管理的一部分。

资源承载力 resources carrying capacity

某区域一定时期内在确保资源合理开发利用和生态环境良性循环的条件下，资源能够承载的人口数量及相应的经济社会活动总量的能力和容量。

资源储备 natural resource stock

个人、企业和政府为应付自然资源可能的供给时滞和升值，对资源采取一定规模的储存行为，以保证未来生活、生产和社会正常运转。

资源法制管理 legal system management of resources

用法制的手段调整人类在资源开发、利用、保护和管理过程中可能发生的各种不规范行为。

资源分布 resource distribution

资源在空间所处的位置及其格局的特征。

资源分区 resource zoning

资源区域的等级系统划分。

资源规划 resource planning

根据可持续发展的原则，对资源的开发利用与保育方案，作出比选与安排的活动过程。

资源经济 resource economy

从事各类自然资源的勘查、开发、加工、利用、流通以及再利用为主导产业的经济。

资源经济管理 economic management of resources

利用价格、税收等经济手段对自然资源的供给、需求、利用和保护等方面的管理。

资源经济特征 economic feature of resources

包括资本、技术、经济结构等基本要素及其引起的各种现象。如各产业发展平衡状况、对自然资源的依赖性及所在地自然环境的脆弱性等。

资源密集型产业 resource-intensive industry

又称"土地密集型产业"。在生产要素的投入中需要使用较多的土地等自然资源才能进行生产的产业。土地资源作为一种生产要素泛指各种自然资源，包括土地、原始森林、江河湖海和各种矿产资源。

资源配置 resource allocation

根据一定原则合理分配各种资源到各个用户的过程。

资源权属关系 relationship of resource property right

资源的财产关系、所有制关系或经济主体对资源资产的权力关系在法律上的反映。

资源社会特征 social feature of resources

社会经济与人类生活水平的提高建立在资源的大量投入和消耗的基础上的所构成的社会现象。

资源生态学 resource ecology

从生态学的角度研究自然资源形成、分布、流动、消耗及其过程和规律的学科，并强调研究这些过程产生的生态环境影响及其自然资源维护与重建的理论与方法。

资源替代 resource substitute

人类通过在各类资源间不断进行的比较选择和重新认识，逐步采用具有相似或更高效用的资源置换或换取现有资源的行为。

资源效用特征 utility feature of resources

资源产品满足用户或消费者某种需要的性能及特点。

资源行政管理 administration management of resources

国家资源管理机构采用行政手段对资源开发利用与保护进行的管理。

资源型城市 resource-based city

在开发矿产资源和能源的基础上发展起来的城市。

资源增殖 stock enhancement

人为补充群体数量、丰富海上鱼虾类等经济动物资源的措施。

资源战略 resource strategy

从全局、长远、内部联系和外部环境等方面，对资源开发利用与保育等重大问题进行谋划而制定的方略。

资源政策 resource policy

国家为实现一定时期内社会经济发展战略目标而制定的指导资源开

发、利用、管理、保护等活动的策略。

资源资产管理 resource asset management

将资源资产作为能够获取收益的生产资料和财富来进行管理。这种管理不仅强调资源的实物管理，而且强调产权管理、价值管理。

自然岸线长度 length of nature coastline

未经开发的由海陆相互作用形成的岸线的长度。计量单位：千米。

自然产量率 natural rate of output

一个经济体在长期中当失业处于其正常率时达到的物品与劳务的生产。

自然率假说 natural-rate hypothesis

一种认为无论通货膨胀率如何，失业最终要回到其正常率或自然率的观点。

自然失业率 natural rate of unemployment

经济社会在正常情况下的失业率，它是劳动市场处于供求稳定状态时的失业率，这里的稳定状态被认为是既不会造成通货膨胀也不会导致通货紧缩的状态。

自然资源 natural resources

自然界存在的有用自然物。人类可以利用的、自然生成的物质与能量，是人类生存的物质基础。主要包括气候、生物、水、土地和矿产等五大资源。

自然资源层位性 gradation of natural resources

自然资源系统的结构排列和各类资源内部的组成，都具有一定的序列，表现为明显的层位性。如果我们把自然资源层位看成一个垂直的剖面，则矿产资源主要存在于土地的下层，岩石圈的内部；土壤生物与陆地水资源则位处土地的表层，即生物圈和水圈；气候资源则处于垂直系统的最上层，即大气圈。

自然资源丰度 abundance of natural resources

表明一个地域单元所拥有的某种自然资源的总量及其与可比地域相比较的状况，或一个地域单元所拥有的某种自然资源中可利用品位或高品位资源所占的比例。

自然资源耗竭性 exhaustibility of natural resources

自然资源在被开发或利用过程中导致明显消耗或资源蕴藏量为零的过程状态或改变其位置、形态、存在形式等。

自然资源集约利用 intensive utilization of natural resources

集中投入较多的劳动、资金、技术和其他生产要素，以获取更多产出和经济效益的资源利用方式。

自然资源结构 natural resource structure

在某一特定的地域范围内自然资源的组成及空间组合状况。

自然资源可更新性 renewability of natural resources

自然资源通过自身繁殖或复原，得以不断推陈出新，从而能被持续利用的特性。

自然资源可用性 usability of natural resources

在一定技术、经济条件下，自然资源可被人类利用的功效和性能。即自然资源可用性，亦以此与自然条件相区别。

自然资源评价 natural resources evaluation

按照一定的评价原则或依据，对一个国家或区域的自然资源的数量、质量、地域组合、时空分布、开发利用、治理保护等方面进行定量或定性的评定和估价。

自然资源区域性 regionalization of natural resources

各类自然资源在地理空间分布上的差异性。

自然资源稀缺性 deficiency of natural resources

在一定的时空范围内能够被人们利用的自然物（资源）是有限的，而人们对物质需求的欲望是无限的，两者之间的矛盾构成资源的稀缺性。

自然资源有限性 finity of natural resources

在一定的时间和空间范围内某一种或某一类自然资源的总量是一个有限的常量。

自然资源整体性 integration of natural resources

各类自然资源之间不是孤立存在的，而是相互联系、相互制约而组成一个复杂的资源系统。

自然资源综合利用 comprehensive utilization of natural resources

以先进的科学技术与方法，对自然资源各组成要素进行的多层次、多用途的开发利用。

自由港 free port

对进口的国外货物，不需要办理报关手续和缴纳税款的港口。范围不定，有的仅为港口的特定区域，有的则扩展至港口邻近地区，统称自由区。通常可进行货物装卸、加工、贮存等，否则即为报关港，目的是鼓励和促进国际贸易。

自组织 self-organization

系统通过自身的力量自发地增加它的活动组织性和结构有序度的进化过程，它是在不需要外界环境和其他外界系统的干预或控制下进行的。由此而形成的有序的较为复杂的系统称为自组织系统。

自组织的临界性 self-organization criticality，SOC

一类开放的、动力学的、远离平衡态的复杂系统通过一个漫长的自组织过程能够演化到一个临界状态，达到这个状态以后，系统的时空动力学行为不再具有特征的时空尺度，而是表现出覆盖整个系统的满足幂率分布的时空关联特征。

宗海 sea lot

被权属界址线所封闭的同类型用海单元。

宗海内部单元 internal unit of sea lot

宗海内部按用海方式划分的海域。

综合能源消费量 consumption of comprehensive energy

报告期内工业企业在工业生产活动中实际消费的各种能源的总和净值。计算综合能源消费量时，需要先将使用的各种能源折算成标准燃料后再进行计算。单位：吨标准煤。

纵向海岸 longitudinal coast

又称"太平洋型海岸"，海岸线延伸的总方向与地质构造线的走向近似平行的海岸。

最大持续渔获量 maximum sustainable yield

在不损害种群生产能力的条件下可以持续获得的最高年渔获量。

最优排污水平 optimal blowdown level

经济活动产生最大社会净效益时的污染水平。即边际私人净收益与边际外部成本相等时的污染水平。最优排污水平取决于治理成本与环境成本的均衡。

参考文献

GB 12319 – 1998. 中国海图图式〔S〕. 北京：中国标准出版社，1990.

GB/ 12763.6 – 2007. 海洋调查规范 第6部分：海洋生物调查〔S〕. 北京：中国标准出版社，2007.

GB/T 12763.9 – 2007. 海洋调查规范第9部分：海洋生态调查指南〔S〕. 北京：中国标准出版社，2007.

GB/T 14157 – 93. 水文地质术语〔S〕. 北京：中国标准出版社，1993.

GB/T 15918 – 1995. 海洋学综合术语〔S〕. 北京：中国标准出版社，1995.

GB/T 18972 – 2003. 旅游资源分类、调查与评价〔S〕. 北京：中国标准出版社，2003.

GB/T 19571 – 2004. 海洋自然保护区管理技术规范〔S〕. 北京：中国标准出版社，2004.

GB/T 20794 – 2006. 海洋以及相关产业分类〔S〕. 北京：中国标准出版社，2010.

GB/T 24050 – 2004/ISO 14050：2002. 环境管理术语〔S〕. 北京：中国标准出版社，2004.

GB/T19485 – 2004. 海洋工程环境影响评价技术导则〔S〕. 北京：中国标准出版社，2004.

HJ/T 19 – 1997. 环境影响评价技术导则 非污染生态影响〔S〕. 北京：中国环境出版社，1997.

HJ/T 19 – 199. 环境影响评价技术导则 非污染生态影响〔S〕. 北京：中国环境出版社，1997.

HY 070 – 2003. 海域使用面积测量规范〔S〕. 北京：中国标准出版社，2003.

HY 070 – 2003. 海域使用面积测量规范〔S〕. 北京：中国标准出版社，2003.

HY/T 118 – 2008. 海洋特别保护区功能分区和总体规划编制技术导则〔S〕. 北京：中国标准出版社，2008.

HY/T124 – 2009. 海籍调查规范〔S〕. 北京：中国标准出版社，2009.

安建. 中华人民共和国城乡规划法释义〔M〕. 北京：法律出版社，2009.

蔡佳亮，殷贺，黄艺. 生态功能区划理论研究进展〔J〕. 生态学报，2010.

陈同庆，王明新，李维博等. 海洋腐蚀与防护辞典（修订版）〔M〕. 北京：海洋出版社，2010.

大气科学辞典编委会．大气科学辞典［M］．北京：气象出版社，1994．

邓绶林．地学辞典［M］．河北：河北教育出版社，1992．

范如国．制度演化及其复杂性［M］．北京：科学出版社，2011．

封吉昌．国土资源实用词典［M］．武汉：中国地质大学出版社，2011．

冯士筰，李凤岐，李少菁．海洋科学导论［M］．北京：高等教育出版社，1999．

高鸿业．西方经济学（宏观部分）第四版［M］．北京：中国人民大学出版社，2007．

海洋大辞典编辑委员会．海洋大辞典［M］．辽宁：辽宁人民出版社，1998．

海域使用分类体系［S］．北京：国海管字［2008］273号，2008．

韩立民，任新君．海域承载力与海洋产业布局关系初探［J］．太平洋学报，2009
　　（2）．

韩双林．证券投资大辞典［M］．黑龙江：黑龙江人民出版社，1993．

韩增林，刘桂春．人海关系地域系统探讨［J］．地理科学，2007．

韩战涛，刘树金．关于实行捕捞限额制度的探讨［J］．中国渔业经济，2001．

侯纯扬．海水冷却技术［J］．海洋技术，2002（4）．

环境科学大辞典编委会．环境科学大辞典［M］．北京：中国环境科学出版社，2008．

黄达．金融学（第二版）精编版［M］．北京：中国人民大学出版社，2009．

解景林．国际金融大辞典［M］．黑龙江：黑龙江人民出版社，1990．

李宜良，王震，王晶．海岛统计调查指标体系研究［J］．中国渔业经济，2011．

刘大海，纪瑞雪，关丽娟等．海陆二元结构均衡模型的构建及其运行机制研究［J］．
　　海洋开发与管理，2012（7）．

刘树成．现代经济词典［M］．江苏：江苏人民出版社，2005．

卢宁，韩立民．海陆一体化的基本内涵及其实践意义［J］．太平洋学报，2008（3）．

罗肇鸿．资本主义大辞典［M］．北京：人民出版社，1995．

马志荣．新世纪实施科技兴海战略的思考［J］．科技进步与对策，2005．

曼昆．经济学原理（宏观经济学分册）第5版［M］．梁小民，梁砾译．北京：北京大
　　学出版社，2009．

农业大词典编辑委员会．农业大词典［M］．北京：中国农业出版社，1998．

全国科学技术名词审定委员会．测绘学名词（第三版，定义版）［M］．北京：科学出
　　版社，2002．

全国科学技术名词审定委员会．大气科学名词（第三版，定义版）［M］．北京：科学
　　出版社，1996．

全国科学技术名词审定委员会．地理学名词（第二版，定义版）［M］．北京：科学出
　　版社，1989．

全国科学技术名词审定委员会．古生物学名词［M］．北京：科学出版社，1991．

全国科学技术名词审定委员会．海洋科技名词［M］．北京：科学出版社，2007.

全国科学技术名词审定委员会．海洋科学名词［M］．北京：科学出版社，1991.

全国科学技术名词审定委员会．航海科技名词［M］．北京：科学出版社，1997.

全国科学技术名词审定委员会．水产名词（定义版）［M］．北京：科学出版社，
2002.

全国科学技术名词审定委员会．水利科技名词（定义版）［M］．北京：科学出版社，
1998.

全国科学技术名词审定委员会．资源科学技术名词［M］．北京：科学出版社，2008.

全国科学技术名词审定委员会审定．地理学名词［M］．北京：科学出版社，1998.

全国科学技术名词审定委员会审定．电力名词［M］．北京：科学出版社，2002.

全国科学技术名词审定委员会审定．生态学名词［M］．北京：科学出版社，2007.

全国人民代表大会常务委员会法制工作委员会．中华人民共和国海岛保护法释义
［M］．北京：法律出版社，2010.

任超奇．新华汉语词典［M］．武汉：崇文书局，2006.

沈文周．简明数字海洋科技文化词典［M］．北京：海洋出版社，2010.

孙久文，叶裕民．区域经济学教程［M］．北京：中国人民大学出版社，2010.

王倩，李彬．关于"海陆统筹"的理论初探［J］．中国渔业经济，2011（3）.

王伟光，郑国光．德班的困境与中国的战略选择［M］．北京：社会科学文献出版社，
2011.

魏振瀛．民法（第三版）［M］．北京：北京大学出版社，2007.

吴金培，李学伟．系统科学发展概论［M］．北京：清华大学出版社，2010.

奚洁人．科学发展观百科辞典［M］．上海：上海辞书出版社，2007.

辛仁臣，刘豪．海洋资源［M］．北京：中国石化出版社，2008.

邢继俊，黄栋，赵刚．低碳经济报告［M］．北京：电子工业出版社，2010.

熊武一．当代军人辞典［M］．北京：新华出版社，1988.

许力以．百科知识数据辞典［M］．青岛：青岛出版社，2008.

杨青山，梅林．人地关系、人地关系系统与人地关系地域系统［J］．经济地理，2001.

殷克东．海洋经济统计术语［M］．北京：经济科学出版社，2010.

张玉忠，彭晓敏．浅谈海水循环冷却处理技术［J］．工业水处理，2004（8）.

赵瑞林，陈公雨，王诗成．山东省海域使用管理条例释义［M］．北京：海洋出版社，
2004.

中国农业百科全书总编辑委员会．中国农业百科全书水产业卷上［M］．北京：农业出
版社，1994.

中华法学大辞典（简明本）［M］．上海：中国检察出版社，2003.

中华人民共和国国务院. 国务院关于印发全国海洋经济发展规划纲要的通知［Z］. 北京：国发〔2003〕13 号.

周成虎. 地貌学词典［M］. 北京：中国水利水电出版社，2006.

朱贤姬，郝艳萍，梁熙掂. 关于"渤海碧海行动计划"的几个思考［J］. 海洋开发与管理，2010.

朱晓东等. 海洋资源概论［M］. 北京：高等教育出版社，2005.3.

中文名索引

311

H

320

322

327

S

X

Y

336